经典奥秘科学书

探索太阳系的奥秘

李　敏　编著

大连出版社
DALIAN PUBLISHING HOUSE

图书在版编目（CIP）数据

探索太阳系的奥秘 / 李敏编著.— 大连：大连出版社，2012.3（2024.5重印）
（经典奥秘科学书）
ISBN 978-7-5505-0239-0

Ⅰ.①探… Ⅱ.①李… Ⅲ.①太阳系—青年读物
②太阳系—少年读物 Ⅳ.①P18-49

中国版本图书馆CIP数据核字（2012）第034595号

策划编辑：张 斌
责任编辑：张 斌 李玉芝
封面设计：林 洋
责任校对：尚 杰
责任印制：徐丽红

出版发行者：大连出版社
地址：大连市西岗区东北路161号
邮编：116016
电话：0411-83620245 / 83620573
传真：0411-83610391
网址：http://www.dlmpm.com
邮箱：dlcbs@dlmpm.com
印 刷 者：永清县晔盛亚胶印有限公司

幅面尺寸：165 mm × 230 mm
印 张：9.5
字 数：150千字
出版时间：2012年3月第1版
印刷时间：2024年5月第3次印刷
书 号：ISBN 978-7-5505-0239-0
定 价：38.00元

目录

CONTENTS

探索太阳系的奥秘

从头说起

1 太阳系概况

关于太阳系的解释有许多种，其中《辞海》给太阳系下的定义是这样的：太阳和以太阳为中心、受它的引力支配而环绕它运动的天体所构成的系统。

太阳系是银河系的一部分。银河系是一个螺旋形星系，直径约10万光年，包括至少1000亿颗星。太阳系以约每秒220千米的速度，用2.26亿年的时间在银河系转一圈。

太阳系算得上是一个庞大的家族，它的成员包括太阳和8颗大行星，即水星、金星、地球、火星、木星、土星、天王星和海王星，以及矮行星、2000多颗轨道已经确定的小行星、至少170颗已知的卫星，还有为数众多的彗星与流星。

在这众多的家族成员当中，位居太阳系中心的太阳是绝对的主角，它是太阳系里唯一一颗会发光的恒星，其他天体靠反射太阳光而发亮。虽然它只是一颗中小型的恒星，却拥有着太

阳系内已知质量的99.86%，而太阳系内那两颗最大的行星——木星和土星，占了剩余质量的90%以上。太阳以自己强大的引力将太阳系中所有的天体紧紧地控制在自己周围。不过，太阳的角动量（描述物体转动状态的物理量）占整个太阳系的2%不到，而质量占0.14%的其他天体的角动量却占98%以上。

太阳系内的主要天体都在差不多同一平面的近圆轨道上运行，朝同一方向绕太阳公转，又在太阳的带领下围绕银河系的中心运动。除金星以外，其他行星的自转方向和公转方向相同。环绕着太阳运动的天体都遵守开普勒行星运动定律，轨道都是以太阳为焦点的一个椭圆，并且越靠近太阳时的速度越快。行星的轨道接近圆形，而许多彗星、小行星和柯伊伯带天体（众多在海王星轨道外绕太阳运转的、以冰雪为主要成分的小行星和彗星）的轨道则是高度椭圆的。

太阳系内迄今发现的8颗大行星，按照距离太阳的远近，依次为：水星、金星、地球、火星、木星、土星、天王星和海王星。其中，水星、金星、地球和火星被称为类地行星；木星和土星被称为巨行星；天王星和海王星被称为远日行星。在这8颗大行星中，除了水星和金星以外，其他6颗都有天然的卫星环绕着，其中地球的卫星最少，只有一颗，即月球，木星的卫星最多，已确认的就有63颗。

太阳系位于银河系内这是毫无疑问的。但是为了弄清楚它在银河系中的具体位置，天文学家们可是下了一番苦工夫的。人们仰望夜空，可以看到银河系的大致形状，像一条暗淡的光带横亘在天空，它的视宽度约为15度，星星比较均匀地分布在它的两侧。20世纪初，美国天文学家沙普利发现巨大的球状星团分布在以人马星座为中心的一个直径大约为10万光年的球形范围内。他得出的结论是：这个中心也是银河系的中心，因此银河系看上去像是镶在球状星云中的一个扁平圆盘。后来，天文学家们通过射电天文学、光学天文学、红外天文学，甚至X射线天文学等各种技术手段，更精确地测定了银河系螺旋形两翼、气体云、尘埃云、分子云等的位置。经过分析和研究得出的基本结论是：太阳系位于银河系螺旋翼内侧的边缘，距离银河系中心大约 2.5 万光年。

那么太阳系的区域有多大呢？有的天文学家指出，如果以冥王星作边界的话，太阳系的大小约为 120 亿千米。有的天文学家认为：太阳系的区域需要由太阳风和太阳引力两者来决定。太阳风能影响到的距离大约是冥王星距离的四倍，但太阳引力所能影响到的范围，应该是这个距离的千倍以上。也有的天文学家宣布：太阳风可以一直刮到冥王星轨道的外面，形成一个巨大的磁气圈，叫做“日圈”。日圈外面有星际风在吹刮，但是太阳风会保护太阳系不受星际风的侵袭，并在交界处形成震波面。日圈的终极境界叫做“日圈顶层”，这里是太阳所能支配的最远端，应该视为太阳系的尽头。但是日圈顶层距离太阳有多远，形状如何，他们却不能作出确切的回答。

总之，关于太阳系区域的大小，至今还是一个未知数。

知识零距离

太阳系研究的学科分类

人们在对太阳系的长期研究实践中，分化出了这样几门学科：

太阳系化学：空间化学的一个重要分科，研究太阳系诸天体的化学组成（包括物质来源、元素与同位素丰度）和物理—化学性质以及年代学和化学演化问题。太阳系化学与太阳系起源有密切关系。

太阳系物理学：研究太阳系的行星、卫星、小行星、彗星、流星以及行星际物质的物理特性、化学组成和宇宙环境的学科。

太阳系内的引力定律：太阳系内各天体之间引力相互作用所遵循的规律。

太阳系稳定性问题：天体演化学和天体力学的基本问题之一。

太阳系的起源

什么事情都是有始末的，那么太阳系最初是怎样形成的呢?

起初，人们用“永恒说”来对此加以解释。这种说法认为，太阳系可能在无限久远的过去就已经是现在这个样子了，而且今后也不会改变，永远都是这个样子。换句话讲，太阳系没有开端，也没有终结。很显然，这种说法人们是很难接受的。可是，在很长的时间内，人们又拿不出来驳斥这种说法的理论依据。

直到17世纪后，因为哥白尼创造了日心说，人们对太阳系的结构有了正确的概念。牛顿发现了万有引力定律，为人们提供了研究天体运动的基础。望远镜的问世，拓宽了人们的视野，人们得以观测到云雾状的天体——星云。正是在这种情况下，德国哲学家康德在1755年时提出了“星云假说”。他认为，太阳系的前身很可能是一块稀薄的气体云——星云。这团气体云在自身引力的作用下开始逐渐收缩，越来越密集，旋转的速度越来越快，形状也就越来越扁。到了一定程度，最边缘的一圈就开始分离出去，凝聚成一个行星，接着又分离出去一圈，又凝聚成一个行星，最后剩下的那些气体云凝聚成了一个巨大的发光恒星，这就是太阳。

按照康德的这个假设，太阳系中所有的行星、卫星大体上都应该在同一个平面上，并且都朝着一个方向旋转，而太阳系恰恰正是这个样子，这说明“星云假说”有可能是正确的。

1795年，法国天文学家拉普拉斯发表文章支持“星云假说”。他认为，太阳系是由一大团弥漫的尘埃气体云形成的，这个原始星云起初是炽热的，但随着辐射而损失能量，温度就开始下降，从而引起星云的收缩，同时由于其他天体的引力扰动和某些邻近超新星爆发产生的冲击波，而开始旋转。

从某种意义上讲，拉普拉斯的观点丰富和发展了康德创立的“星云假说”，所以后来人们将此学说称为“康德—拉普拉斯星云假说”。当然这个学说并非完美无瑕，它虽然能够较好地解释太阳系结构上的一些特征，却解释不了太阳系所具有的巨大的角动量，更解释不了角动量在太阳系里分配极不合理的现象。

所谓的角动量是什么呢？它就是动量矩，是物理学中与物体到原点的位移和动量相关的物理量。太阳系中太阳的自转，行星的自转和公转，卫星的自转和公转，都具有角动量。由于这些旋转的方向都是相同的，所以角动量是相加的，从而使整个太阳系具有了巨大的角动量。而在角动量的分配方面，太阳只占太阳系总角动量的2%，其他行星占了98%。

于是，有人对“星云假说”提出了疑问：星云怎么可能一边收缩（同时越转越快），一边将几乎所有的角动量都转移到分离出去的气体环（行星）中呢？另外，随着天文观测和研究的深入，“星云假说”的缺陷也越来越多地暴露出来。天文学家先是发现海王星的卫星——海卫一——绕着海王星旋转的方向正好与海王星自转的方向相反，接着又发现火星的卫星——火卫一——旋转一周的速度竟比火星自转一周的速度快三倍。按照“星云假说”，太阳系中的行星和卫星都应该朝着一个方向旋转，卫星的旋转速度不可能超过行星。

就在“星云假说”陷入窘境之时，美国的地质学家张伯伦和天文学家摩尔顿于1906年提出了“星子假说”。他们认为，太阳系最开始时只有孤零零的一轮红日，后来在某个时候，又有一颗恒星朝着太阳运动过来。就在它们相互接近的过程中，彼此间产生了巨大的万有引力，而且越来越大，使得这两颗恒星上都出现了强烈的潮汐作用，于是就从它们的表面吸出一股物质，它们彼此连接起来，形成了一座“桥”。当它们相掠而过时，这座“桥”被带着迅速地旋转，获得了巨大的角动量，而恒星本身的角动量却减少了。当这两颗恒星分开后，“桥”被拉断了，分成若干块，每一块逐渐凝聚成一颗具有一定角动量的行星。

1917年，英国天文学家金斯发展了“星子假说”。他认为，从两颗恒星拉出来的物质“桥”是雪茄烟形状的，两头细，中间粗，断开后最粗的部分就形成了太阳系中的木星、土星这两颗最大的行星，剩下的较细的部分则分别形成了土星以外和木星以内较小的行星。

“星子假说”把太阳系的起源归因于一次偶然的灾难事件，因此，此类观点就被称为“灾变说”。比如，英国的里特和美国的罗素认为，太阳原来是一对双星中的一颗子星，在某个时候，从远方突然飞来一颗恒星，与太阳的伴星相撞。它们就像子弹一样朝着不同的方向弹去，同时拉出一长串物质。这一长串物质被太阳所俘获，发展成为太阳系中的各个行星。

跟在“灾变说”后边出现的是“俘获说”。前苏联的地球物理学家施密特认为，太阳周围原先有着大量带电的星际物质，逐渐冷却后，它们不再带电，受太阳万有引力的吸引而落向太阳。它们下落的速度越来越快，就会产生相互碰撞、摩擦而重新带电。在电的作用下，它们又停止下落，在太阳附近凝聚成行星和卫星。按照施密特的说法，太阳原先是光棍一条，当它在宇宙空间中运行时，突然钻进了某个星际云中，在里面俘获了一部分物质，它们就是日后形成行星和卫星的材料。

按照“灾变说”和“俘获说”，太阳的年龄必定要比别的行星大，甚至可以大上几十倍、几百倍，而根据各种测定，太阳的年龄与行星的年龄

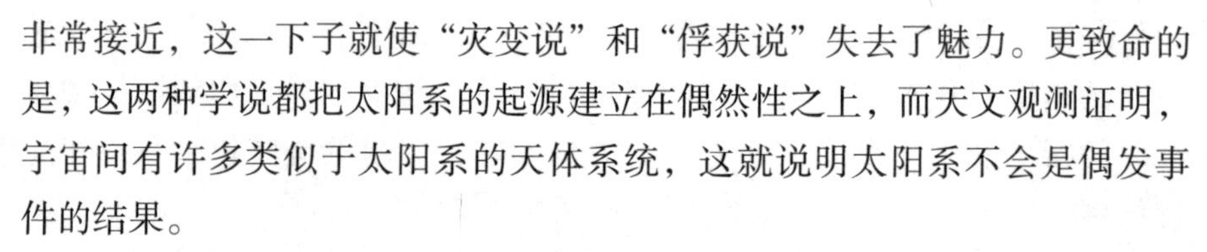

非常接近，这一下子就使“灾变说”和“俘获说”失去了魅力。更致命的是，这两种学说都把太阳系的起源建立在偶然性之上，而天文观测证明，宇宙间有许多类似于太阳系的天体系统，这就说明太阳系不会是偶发事件的结果。

随着现代天文学和物理学的发展，特别是恒星演化理论的日趋成熟，古老的“星云假说”重新焕发了青春活力。据统计，现代“星云假说”竟多达 20 多种。它们一致认为，形成太阳系的是银河系里一团密度较大的星云，它是由巨大的星际云瓦解而来的，一开始就在自转，并在自身引力下发生收缩，中心部分形成了太阳，外部演化成星云盘，星云盘随后形成了行星。

现代“星云假说”既有观测资料，又有理论计算，能够比较详细地描述太阳系的起源过程，但它们彼此间还存在着不小的争议。

但不管怎么说，现代“星云假说”对太阳系的许多特征都能作出比较合理的解释，不过在它的面前也摆着一些没有解决的问题。比如，根据现代“星云假说”，每个恒星都应该有自己的行星系统，但据观测，在离太阳 13 光年范围内的 22 个恒星中，至今只有 3 个可能有行星系统，这是为什么呢？

总之，太阳系的起源之谜至今还不能说完全地揭开了，还需要人们进一步加以研究。

行星与太阳的距离

在天文学中，最常见的度量单位是光年。而在太阳系中，经常使用的度量单位是“天文单位”。一个天文单位等于 149597870 千米，就是地球到太阳的平均距离。

按照天文单位来计算，太阳系中部分行星与太阳的距离分别是：水星，0.387；金星，0.723；地球，1.000；火星，1.520；木星，5.200；土星，9.450。

1766年，德国科学家提丢斯发现，以3这个数字打头，依次扩大两倍，就会得出这样一串数字：3，6，12，24，48，96。再将这组数字前边加个数字0，每个都加上4，然后除以10，又会得出一组数字：0.4，0.7，1.0，1.6，2.8，5.2，10.0。把它们与行星到太阳的距离比较一下，马上就会发现，这两组数字非常一致，只是缺少一个2.8。

1772年，德国天文学家波得公布了提丢斯的这项发现，从此这一组数字引起了人们的重视。后来，人们就把它称为“提丢斯—波得定则”。

1781年，英国天文学家威廉·赫歇尔发现了天王星，它到太阳的实际距离是19.2个天文单位。而按照提丢斯—波得定则，把那串数字最后一个96扩大两倍，变成192，再加上4除以10得数为19.6，两者非常接近。

1801年，意大利天文学家皮亚齐发现了第一颗小行星——谷神星，它到太阳的距离是2.77个天文单位，而这正好与那串数字中的2.8相吻合。

后来，天文学家又陆续发现了海王星和冥王星，它们到太阳的距离分别是30.1和39.5个天文单位。让我们再按照提丢斯—波得定则推算一下：把192扩大两倍，变成384，然后加上4除以10，得数为38.8。按理说这应该是海王星到太阳的距离，而实际上却与冥王星到太阳的距离很相近。这是怎么回事呢？是这个定则出了问题，还是人们对海王星和冥王星的认识有错误呢？

如果除去这个例外，从水星到天王星，这么多行星到太阳的距离还是符合提丢斯—波得定则的。这究竟是偶然的巧合，还是必然的规律呢？如果是必然的规律，那就会对探索太阳系乃至宇宙的奥秘具有重大的指导意义。可惜的是，科学家们对此还无法肯定。

许多天文学家认为，这种现象绝不是偶然的，它反映了太阳系起源和演化是有规律可循的，但也不会是这么简单的数学关系，实际情况可能要复杂得多。不过，用这个定则来记忆行星到太阳的距离，确实是一个简便的办法。

4 太阳系的小行星

“一小堆大行星，一大堆小行星。”一位天文学家用这样一句话概括了太阳系的特征。大家以为此话虽然有些开玩笑的意味，却极为精练地描述出了太阳系的状态。太阳系中人们已知的大行星只有 8 个，而小行星自从 1801 年被发现开始直到今天，已登记在册并有编号的就多达 4000 多个，而且这还不包括那些有待证实的新发现的小行星。

如果以个头而论，最大的小行星也不能同最小的大行星相提并论，它们之间实在是相差悬殊。虽然这些小行星个头都不大，但都围绕着太阳公转，而且具有行星所具有的一切特征。从这一点上说，它们与大行星称兄道弟毫无愧色。

那么，这些小行星究竟有多少呢？除了在编的 4000 多个之外，亮度大于 19 星等的小行星有近 4 万个，它们的直径约为几百米。更小更暗的 21 星等小行星，总数将不少于 5 万个。至于比这更小更暗的小行星，则不计其数，无可估量。从它们所处的位置来看，小行星们大都聚集在木星和火星之间这个不算太大的空间里。

小行星是从哪里来的呢？为什么小行星会有这么多呢？它们为什么聚在一起呢？

如果能够正确地解答这些问题，显然对人们认识太阳系的起源具有十分重要的意义。可惜的是，科学家们经过了一二百年的研究，也只能提出一些没有获得普遍承认的推测。

最经常被提出的一种理论是“爆炸说”。这一派的科学家认为，在小行星带所处的那个空间，原先有一个与地球、火星不相上下的大行星，

它与其他行星一样，长时间地围绕着太阳运动。后来，由于现在还不清楚的某种原因，它被炸得粉身碎骨，碎块又互相碰撞，成为更小的碎片，其中大部分成了现在的小行星，小部分变成了流星体。

从对小行星的观测来看，它们只有少数是圆形的，而大部分是不规则的，大小也有很大差别，这似乎为“爆炸说”提供了证明。

但有的天文学家提出了疑问：究竟是从哪里来的这么大的能量，居然能把那么大的一个行星炸得粉碎？再进一步追问下去：这些被炸飞的碎块，又怎么能集中成现在的小行星带呢？

于是，又有一些天文学家提出了“碰撞说”。他们认为，在火星和木星之间的空间中，原来不是只有一个大行星，而是有几十个直径在几百千米以下的小行星，它们的轨道各不相同，即轨道的长轴、偏心率、周期以及轨道与黄道之间的倾角都不同，但也不是相差得那么大。显而易见，它们在长期的运动过程中，难免有彼此接近的机会，发生碰撞甚至多次碰撞的可能性是很大的，这样就形成了大小不等、形状各异的小行星。但是今天所能看到的小行星也不全都是碰撞的产物，那些比较大的、基本上成球形的小行星，就是其中幸免于难的，至少是没有经过剧烈碰撞的。

但这种说法也有让人生疑之处，怎么会有这种碰撞机会呢？几十个不大的天体在火星与木星之间运动，就好像几十条鱼在太平洋中游动一样，它们在水中的碰撞机会能有多大呢？

近年来比较流行的理论是所谓的“半成品说”。持这种观点的天文学家认为，在原始星云开始形成太阳系的初期，太空中有许多残存碎片，它们在围绕太阳运转时逐渐集合到一起，成为较大的天体，它们再不断吸附，使太阳系变得越来越干净。但是在小行星带却不是这样，由于木星的摄动和其他一些未知因素，这些残余的碎片抵抗住了太阳的拉力，因而就没有形成新的行星，而只能成为一些“半成品”——小行星。

应该说，这种说法目前在天文学界得到了很多人的支持。不过，作为一种假设，还需要获得大量的证据才能够成立。

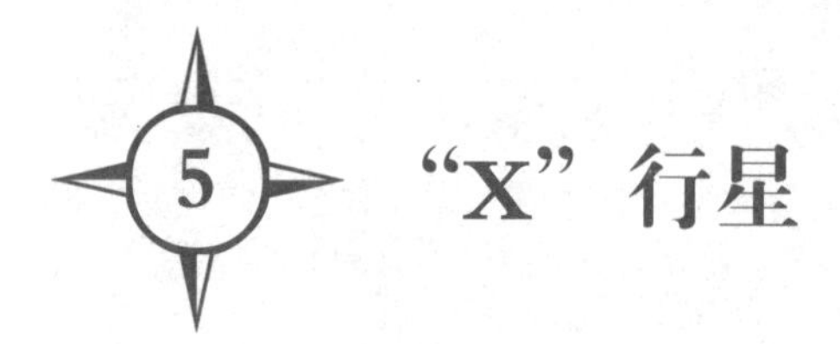

5 “X”行星

目前，人类已经发现了太阳系有八大行星。这八大行星有好几颗用肉眼就可以看见，比如金星，它非常明亮，有时在白天也可以看到。而后来发现的几颗行星，由于离地球较远，人们在寻找它们时就花费了不少时间和心血。

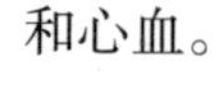

1781年，在茫茫星空中，英国天文学家赫歇尔发现了太阳系的第七颗大行星——天王星。后来，科学家发现天王星运动“反常”，由此推测很可能在天王星之外还有一颗行星，它用自己的引力影响了

天王星的运动。1846 年，人们果然发现了它——太阳系的第八颗大行星海王星。

天文学家接着观测天王星和海王星，发现它们的运动仍然有些“反常”，由此推测可能还有一颗行星没有露面。天文学家又经过许多艰苦细致的工作，终于在 1930 年，由美国天文学家汤博找到了冥王星，当时把它定为太阳系的第九颗大行星。

可是天文学家很快就发现，冥王星太小了，它的引力不足以给其他行星那么大的影响，是不是还有一颗比冥王星还大的行星在作怪呢?

于是，人们就把这颗寻找中的第十颗大行星叫做“X”行星。在罗马数字中，“X”代表 10，在数学中它又代表未知数，“X”行星的意思就是“未知的第十颗大行星”。

1978 年，人们又发现了冥王星的卫星。天文学家猜想，可能就是那颗未知的“X”行星用它巨大的引力从冥王星上拉出一大块物质，成了冥王星的卫星。

尽管找到了一些线索，但那个“X”行星仍然杳无踪迹。不过，科学家们并没有灰心丧气，相反热情却越来越高涨。随着天文观测手段和计算技术的飞跃发展，很多科学家为“X”行星的存在提供了许多全新的理论依据。

有的天文学家作了这样的比较：太阳系里最大的两颗行星——木星和土星，质量分别约是太阳的 1/1000 和 1/3600，已知有 63 个和 50 个卫星绕着它们转。其余两颗较大的行星——天王星和海王星，其质量还要小一个数量级，只有太阳的 1/22000 和 1/20000，分别拥有 29 个和 13 个卫星。而太阳的质量是八大行星加上冥王星质量总和的 740 多倍，却只有区区 8 颗大行星，实在是有些不大相称。

另外，太阳的引力很大，据估算，其所及范围不小于 4500 个天文单位，有可能达到 60000 个天文单位或更大一些。在这片辽阔的空间中，却只有 8 颗大行星，而且还都“蜷缩”在离太阳中心不超过 50 个天文单位的区域里，那剩下的至少 4400 多个天文单位的空间，却是一大片空白，这实在太不合理了。

按照这种理论，太阳系不仅存在着第十颗大行星，还应该有第十一、十二、十三……颗大行星。

有人通过对哈雷彗星的运行特点进行分析，也提出了与上述理论几乎相同的观点。从公元295年哈雷彗星光顾地球到1835年之间，它曾回归过21次。据资料显示，它经过近日点的实际日期，与计算的日期有明显差异。1835年那次，比理论推算的时间迟到三天。天文学家们发现，哈雷彗星过近日点的日期，大约以500年为周期进行变化。他们对此作出的解释是：当彗星运动到其轨道远日点附近的空间时，很可能那个人们猜想的行星，对它产生了摄动影响。

以上分析，鼓舞了很多相信“X”行星存在的人，但持不同意见的人却提出了疑问：为什么直到现在也没有发现冥外行星的任何蛛丝马迹呢？对此有的科学家推测道：如果在比冥王星更远的太阳系空间，确实存在着一个或多个行星的话，那么它们表面的温度一定是低到了极点，亮度恐怕也是微乎其微，这就是为什么光学望远镜一直未能找到它们的主要原因。因而他们认为，利用红外技术也许是一个合乎逻辑的设想。1983年1月发射成功的红外天文卫星，就肩负着搜索冥外行星的使命。它果然不负众望，发现了一些遥远的低温天体，但它们中间是否有让人期待的冥外行星，现在还很难说。

正当人们对冥外行星提出各种猜想时，有的人已经开始计算它的距离和周期了。早在1946年，法国的一位天文学家就得出了这样的计算结果：“X”行星的距离为77个天文单位，周期为679年。美国的一位天文学家根据1833年以来天王星和海王星所受到的摄动，计算出它的距离为101个天文单位，周期为1019年，质量是地球的4倍，亮度为14等。根据后一种计算结果，一些天文学家认为，这个“X”行星能够被那些大型望远镜所观测到，而且据说它当时就处在天蝎座银河最密集的部分。

然而，这些推算却与实际情况不大一样。发现冥王星的美国天文学家汤博，曾花了14年时间去搜寻冥外行星。他仔细观察了70%以上“X”行星可能出现的天空，结果却是一无所获。

从历史上看，人们在发现天王星之后，花了65年时间才找到了海王星，之后又过了84年才找到冥王星。从发现冥王星到现在已经过去80多年了，按理说发现“X”行星的日子应该为期不远了。

6 小行星也有卫星

在常人看来，大行星有一个、几个，甚至一群卫星都是可以理解的，而要说小行星也有卫星跟着，那就有些稀奇了。

1978年6月7日，一颗被命名为“大力神”（532号）的小行星，正好掩住室女座中一颗编号为SA 0120774的六等星。就在掩星出现前的两分钟，那颗六等星的星光突然抖动了一下。

这是怎么回事呢？天文学家对这个似乎是微不足道的现象进行了深入研究，竟然得到了一个不寻常的发现。原来，“大力神”竟然有一个卫星，它的直径为45.6千米，与“大力神”的距离为977千米。那颗六等星的星光抖动就是这颗卫星围绕着“大力神”运动时造成的。“大力神”不过是直径为243千米的小行星，它怎么也会带有卫星呢？

正当人们对此感到十分惊奇的时候，又传来了新的消息。1978年12月11日，天文学家又发现小行星“梅波蔓”（180号）也有卫星。“梅波蔓”的直径为135千米，而它的卫星直径只有37千米，为小行星直径的27%，两者相距460千米，只有月地距离的千分之一多一些。如果有机会到“梅波蔓”小行星上去，就会看到一个比月亮大120倍、光度强百倍的“大月亮”挂在天空上。

到目前为止，天文学家已经发现几十颗带卫星的小行星。有人甚至认为，有的小行星可能有不止一颗卫星。

小行星为什么也会带有卫星呢？显然，在小行星本身是怎样形成的这个问题没有形成定论之前，小行星为什么会有卫星这个问题就不可能得到真正的解答。但是，天文学家还是对此提出了自己的推测。其中有一种意见认为，小行星的卫星是由它们本身飞出去的碎片形成的。由于小行星比较多，而且集中在一起，因而碰撞的机会就比较多。在这种相互碰撞中，会产生一些大小不同的碎片。这些碎片的运行速度并不快，而小行星的引力范围大体上是其本身直径的100倍左右，这样就可能把这些碎片捕俘过来。而它们一旦被某颗小行星捕俘，就会比较稳定地沿着轨道运行，成为小行星的卫星，而不会被附近的火星、木星等大行星拉走。

7 太阳系的环形山

说起环形山，人们马上会想到月球。没错，月球上确实有不少的环形山。但环形山并不是月球的“专利”。在太阳系里，别的一些星球也是有环形山的。

所谓的环形山，以月球环形山为例，是一种样子像圆环的山。环形山中央有一个陷落的深坑，外围是一圈隆起的山。这些山的内壁一般都是比较陡峭的，而外坡一般都是比较平缓的。有些环形山的中间往往还会耸立着一座或数座孤立的小山峰。

地球上的环形山，目前发现和证实的有七八十个，都是比较大的陨石坑。主要分布在加拿大和澳大利亚等地，最著名的是美国亚利桑那陨石坑。经过科学家们分析研究，认为直径大约1220米、深大约180米的亚利桑那陨石坑是在大约2万~4万年前形成的，估计这是当时一颗直径约为30~50米的铁质流星撞击地面的结果。

1965年，美国的“水手4号”探测器从火星附近飞过，从它拍摄的照片看，火星上的环形山都是一串串的，“个头”都比较大，最大的奥林帕斯火山，直径有 600 多千米，火山口高出周围地区大约有 25 千米，相当于地球上的最高峰——珠穆朗玛峰——3 个那么高。

水星上的环形山密度比较大。1973 年 11 月 3 日，美国发射了“水手 10 号”宇宙飞船，对水星进行飞近探测。它在与水星三次相会的过程中，拍摄了非常清晰的水星电视图像。天文学家惊奇地发现，水星表面和月球表面极为相似。据统计，水星上的环形山有上千个，它们普遍比月球环形山的坡度要平缓些。

1976 年时，国际天文学联合会开始为水星上的环形山命名。在已命名的 300 多个环形山中，其中有 15 个环形山是以我们中华民族的人物的名字命名的。他们分别为：传说是春秋时代音乐家的伯牙、东汉末女诗人蔡琰、唐代大诗人李白和白居易、五代十国南唐画家董源、南宋女词人李清照、南宋音乐家姜夔、南宋画家梁楷、元代戏曲家关汉卿、元代戏曲家马致远、元代书画家赵孟頫、元末画家王蒙、清初画家朱耷、清代文学家曹雪芹及中国现代文学家鲁迅。

水星环形山都是以文学艺术家的名字来命名的，没有科学家。这是因为月球环形山大都是用科学家名字命名的缘故。这些被命名的水星环形山的直径一般都在 20 千米以上，而且都位于水星的西半球。

天文学家们在一些卫星上也发现了环形山的影子。比如“木卫三”、“木卫四”、“土卫一”和“土卫三”等。特别是“土卫一”，这是一个比较小的卫星，直径还不到 400 千米，可它却有一个直径达 100 多千米的大环形山。

人们有理由相信，在太阳系那些还没有能够看到其面目的行星和卫星上，以及一些没有受到大气保护的天体上，也有可能会发现环形山。一些小行星和流星体的表面，更容易受到大量陨星的轰击。因此说，环形山是太阳系所有天体表面的一种普遍现象。

8 行星环

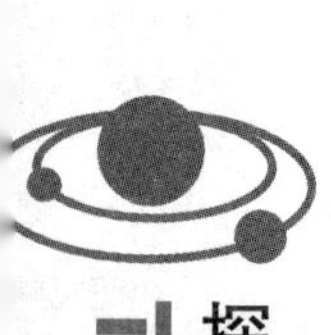

所谓的行星环指的是围绕行星旋转的星际物质，它们主要为一些碎片颗粒，由于在远处（地球）观测，它们反射太阳光而形成一条环状的带子而得名。

最早发现该现象的是意大利著名天文学家伽利略，他当时发现的是土星环。说起他的这次发现，还有着一段颇为有趣的故事。

伽利略自从在1609年首次用望远镜观测星空以来，新的发现接踵而至。1610年7月，他把望远镜对准了土星。在这架放大倍数只有30倍而又不完善的望远镜中，伽利略看到土星两旁有某种奇怪的附属物。实际上他所观测到的便是土星两侧的光环部分，但是伽利略并没有认识到这一点。鉴于在这之前他已经发现了木星的4颗大卫星，于是便相信土星两侧也有两个卫星之类的小天体。不过，由于情况不如木星卫星那样明白无疑，伽利略没有直截了当地宣布这一发现。

任何一位科学家在感觉到将要作出一项重要发现之时，往往会被两种感情所支配：一方面怕别人走在自己的前面而想尽快地发表它，另一方面又担心会犯大错误而不想轻率地过早发表。在伽利略的时代，学者们为此往往采用一种称为“字母颠倒法”的密码记录方式来简要地记载自己的发现，这种记录除了发现者本人外，几乎谁也无法加以破译。当发现者过一段时间后确证了这项发明现之时，便把自己早已写好的那份“天书”译出来，从而保留了对该项发现的优先权。伽利略对他的土星观测结果就采用了这种方法。他当时所做的记录是由 39 个拉丁字母混乱排列的一长排符号串，其真实含义是“观测到一颗最高的三重行星”。这里“最高的”即指土星，因为土星是当时所知离太阳最远的行星。

1659 年，荷兰科学家惠更斯证实伽利略观测到的是一个离开土星本体的光环。他开始时也像伽利略一样采用了字母颠倒的密码记录法，不过形式稍有不同，用了总数为 62 个拉丁字母的符号串。三年后，当他确信自己结论正确时才宣布了这组符号串的意义：“土星周围有一个又薄又平的光环，它的任何部分与土星不相接触，光环平面与黄道面斜交。”

惠更斯以后，人们经历了漫长的过程才对土星环的本质有了正确的认识。在最初的两百年内，土星环一直被认为是一个或若干个扁平的固体物质盘。

1856 年，英国物理学家麦克斯韦首先从理论上证明这种环必须是由围绕土星旋转的一大群小卫星组成的物质系统，而不可能是整块固体物质盘。40 年后，美国天文学家基勒通过观测发现，土星环不同部分的旋转速度随着距土星中心距离的增大而减小，并且符合开普勒运动定律。如果是刚体转动，则转速随距离的增大而增大。这样就无可辩驳地证实了土星环是无数个各自沿独立轨道绕土星旋转的大小不等的物质块，从而最终阐明了土

星环的本质。事实上当远方恒星在环后经过时，星光并没有多大的减弱，这也说明它不是一整块东西，而是一些稀疏分布的分离物质块。现已知道组成环的小“卫星”大都是一些直径为 4 ~ 30 厘米的冰块，总质量约为土星质量的百万分之一。土星环极冷，据探测，温度低达 -200 摄氏度左右。

几百年来，人们曾经一直以为太阳系中唯独土星才有光环。直到 20 世纪 70 年代后期至 80 年代后期，天王星环、木星环和海王星环的相继发现才使这一观点得以改变。行星环在太阳系中再不是珍品了。

那么其他行星是否会有尚未发现的环存在呢？有人提出地球历史上也曾经有过一个由微粒构成的环，并用此来解释大约 3400 万年前地球上冬季温度曾一度降低了 20 摄氏度，而夏季温度却无变化的化石植物学资料。这个假设中，地球环存在了 100 万 ~ 200 万年后因高层大气的阻尼作用、陨星的冲击及太阳风轰击而逐渐消失。当然这仅仅是一家之说，是否确有其事尚待后人进一步考证。

关于土星环的起源至今未有定论，一种最流行的观点认为，当一颗卫星离土星太近时会被土星引潮力所瓦解，其结果便形成今天的光环。

太阳系的主角

1 人类对太阳的崇拜由来已久

很早很早的时候，人类的祖先通过实践，先是认识到了太阳与人们的生活和生产的密切关系。他们“日出而作，日入而息”，完全按照太阳的运行来安排一天的生活和生产。后来，随着生产力的发展和知识的增长，人们逐渐了解到太阳是光和热的源泉，也是地球上一切生命现象的根源。万物生长靠太阳，昼夜的交替、四季的变迁，都与太阳的运转息息相关。宏伟壮丽的日食，更是吸引着千万人的注视。在许多国家的历史典籍中，太阳都被当做光明、真理、伟大和永恒的象征。关于太阳的神话传说，多得不胜枚举，内容十分丰富。

6月24日是秘鲁克丘亚人最重大的节日。到了这一天，人们要在古印加帝国首都库斯科南部海拔2560米的马丘比丘举行庆典，祭奉太阳神，也称为太阳祭。

马丘比丘是座石头城，其主人为克丘亚人的祖先印加人，他们称自己为“太阳的子孙”，他们将太阳视做“燃烧的火鹰”。城中最著名的是矗立着的那块被称为“日晷”的怪异巨石，它又被印加人称为“拴日石”。别看这块呈“凸”字形的石头不起眼，它却是印加人的圣物。他们认为，巨石矗立之地就是世界的中心。当年，他们历经几十年，将自己的城市建在高山之巅，目的之一就是能够离太阳更近些，有利于和太阳神沟通。那时，每当太阳西下时，他们总害怕太阳从此跌落深渊，再也爬不上来。所以每年冬至太阳节时，他们就会象征性地把太阳拴在这块巨石上。“拴日石”不仅被用来拴太阳，还起着观天象的作用，人们通过石柱的影子来判断日期和时间等，以安排播种和收获，其底座石的角还起着指南针的作用。

印度科纳拉克的太阳神庙以艺术的手法表现了太阳神苏利耶驾驶战车的形象。该庙的主殿内设有三尊由黑石雕成的太阳神，正面对着庙门的是印度教中代表朝阳的创造神梵天，在两侧的分别是代表正午太阳的保护神毗湿奴和代表夕阳的再造神湿婆。有意思的是，每天清晨从海上升起的第一束朝阳便映射在太阳神的头上，太阳绕着庙宇旋转一周，阳光始终照在这三尊太阳神的身上。

印度在每年的 1 月 14 日都会举办非常盛大的风筝节。为庆祝新年的第一缕阳光普照大地，人们要在河水中洗浴，然后去太阳神庙朝圣，向太阳神祈求丰收和幸福。同时，家家户户在这天都会准备传统的芝麻糖并爬上屋顶放风筝，天空中于是从早到晚布满了各式各样的风筝。

举世闻名的阿布辛贝勒神庙是为了纪念古埃及历史上统治时间最长的法老、一生战功赫赫的拉美西斯二世而修建的。其原址坐落在现阿斯旺大坝所处的位置。神庙设计者精确地运用天文、星象、地理学知识，把神庙设计成只有在拉美西斯二世的生日（2 月 21 日）和登基日（10 月 21 日）时，旭日的霞光金辉才能从神庙大门射入，穿过 60 米深的庙廊，撒在神庙尽头的拉美西斯二世石雕像上，而左右的其他巨型雕像都享受不到太阳神赐予的这种厚爱。人们把这一奇观发生的那两天称作太阳节。

1956 年，为了修建阿斯旺大坝，库区 500 万人口迁移。为了保证神庙不会被水淹，联合国教科文组织发动 50 多个国家捐资 4000 多万美元，组织 3000 多位当时一流的科技人员，运用最先进的科技测算手段，用时 5 年之久，将阿布辛贝勒神庙原样向上移位 60 多米。尽管煞费心机，挽救了神庙，可终究留下来一个永久的遗憾，那就是从此太阳光照在拉美西斯二世身上的时间被往后推迟了一天，分别是 2 月 22 日和 10 月 22 日。现代科学家们对此无言以对。

在古罗马艺术品中素享盛名的奥古斯都太阳钟，是世界上最大的太阳钟。它由一块很大的平地和一根矗立在平地中央的石柱组成。平地为钟面，上刻表示时辰的字；石柱为指针，高 20 余米，顶端有根尖圆形的小柱起着指针尖的作用。石柱在地面上不同的投影表示不同的时辰。

据载，这座钟是公元前 9 年时，由古罗马皇帝恺撒的养子屋大维下令建造的。当时还在它的两边分别建造了和平祭坛和屋大维陵墓。这三件艺术品浑然一体，象征皇帝神圣不可侵犯的威严。

在希腊神话中，太阳神是万神之王宙斯的儿子阿波罗。传说，宙斯当年下令从相反方向放出两只老鹰让它们反向飞行，其相会的地方就是“世界的中心”，结果这两只老鹰在距离雅典百余千米的德尔菲神殿那儿相会。宙斯于是就委派阿波罗来到这里，并赐给了他一块卵形石。德尔菲神殿也因为做了太阳神阿波罗的圣殿而声名远播。

中华民族把自己的祖先炎帝尊为太阳神。在我国的日照地区，曾经出土了反映6000年前远古人类在高山之巅祭祀太阳神场景的“日火山”陶文。位于该区域的天台山不仅有远古部落遗址，还有太阳神石、太阳神庙和刻有北斗七星的观星台，以及反映对太阳崇拜的石刻岩画等。当地有一个民俗节日，每年的农历 6 月 19 日，人们都要到天台山进行祭祀太阳神的活动，并把新收获的麦子做成太阳形状的饼，供奉给太阳，感谢太阳给了大地阳光，让农民获得丰收。

随着科技的进步，人们对太阳的研究不断取得新的成就，许多神秘现象已经破解，太阳逐渐地开始向人们显露出它的真实面目。

太阳其实很普通

说起来，今天的人们听了会感到可笑。曾几何时，太阳究竟是神还是物，在古人当中争论得热火朝天。古希腊有一位叫安纳萨哥拉斯的哲学家就因为说了一句“太阳并不是什么阿波罗神，而是一块燃烧着的大石头”而触犯了宗教的信条，因为《圣经》里声称，太阳是上帝创造的。他先是被投入了监狱，后又被流放。由于历史条件的限制，安纳萨哥拉斯对太阳的物质状态不可能认识得那么正确。随着时代的变迁，事实终于真相大白了。

太阳既不是像石头那样为一个固体，也不像后来有人描述的那样是一片汪洋的液体。它是一个第一星族恒星，是一个光度为3.826×10^{26}瓦，核心区密度为1.5×10^{5}千克/立方米的球体。组成它的物质大多是普通的气体，其中氢约占71%，氦约占27.1%，其他元素约占1.9%。

太阳的直径是1.392×10^{6}千米，约为地球直径的109倍；体积是4.122×10^{30}立方千米，约为地球体积的130万倍；质量是1.989×10^{30}千克，约为地球质量的33.3万倍；表面重力加速度是2.74×10^{2}米/二次方秒，约为地球表面重力加速度的28倍；表面积为6.087×10^{12}平方千米，约为地球表面积的1.2万倍。如此看来，太阳确实称得上是一个庞然大物了。但是在广袤浩瀚的繁星世界里，它只能够算是一颗普通而又典型的恒星。

为什么这样说呢？原来，太阳无论是体积、亮度还是物质密度，在繁星世界里都处于中等水平。如今已经发现的一些红巨星的直径竟为太阳直径的几千倍，一些超巨星的光度竟高达太阳光度的数百万倍。但是它是太阳系里唯一会发光的恒星，所处的位置距离人类居住的地球比较近，是人们用眼睛看到的天空中最大最亮的天体。而那些无论是个头还是亮度都强于太阳的恒星，由于离地球都太遥远了，因此看上去只是一个个闪烁的光点。还有，太阳作为太阳系的中心天体，整个太阳系质量的99.87%都集中在它的身上。太阳系中的那些行星、流星、彗星和星际尘埃，又都是围绕着它在运行，所以它的地位与众不同。

太阳的形态和层次结构

当代天文学的研究成果表明：宇宙是有层次结构的，不断膨胀、不断运动发展的，物质形态多样的天体系统。由2500多亿颗类似太阳的恒星和数千个星团、大量星际物质构成的银河系是天体系统的一个重要组成部分，其大部分成员集中在一个扁球状的，从侧面看很像一只“铁饼”，而从正面看则呈旋涡状的空间内。

银河系的直径约8万光年，太阳位于银道面以北的猎户臂外边沿上，

距银心约 3 万光年。其圆面在天空的角直径约为 32 角分，与从地球所见的月球的角直径很接近，是一个奇妙的巧合(太阳直径约为月球直径的400倍，而太阳离人们的距离恰是地月距离的 400 倍），这就使日食看起来特别壮观。由于太阳比其他恒星离地球近得多，视星等达到 -26.8，因而成为地球上看到的最明亮的天体。太阳赤道区域的自转周期为 25.4 天，每 2.5 亿年绕银河系中心公转一周。太阳因自转而呈轻微扁平状，与完美球形相差 0.001%，相当于赤道半径与极半径相差 6 千米（地球这一差值约为 21 千米，月球约为 9 千米，木星约为 9000 千米，土星约为 5500 千米）。差异虽然很小，但测量这一扁平性却很重要，因为任何稍大一点的扁平程度（哪怕是 0.005%）将改变太阳引力对水星轨道的影响。

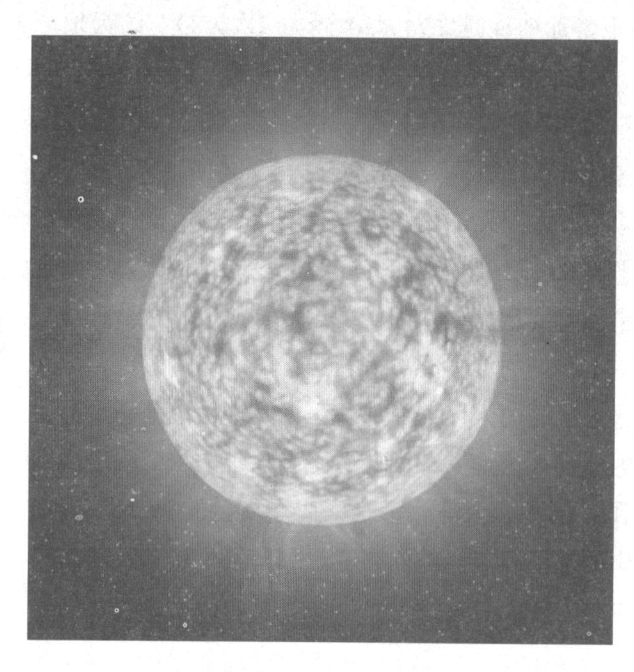

太阳也是有层次结构的。天文学家们认为，太阳表面温度有 5000 摄氏度，而内部温度竟然达上千万摄氏度，整个太阳只能是一个炽热的气体，更确切地说，是等离子体。所谓的等离子体又叫做电浆，是由部分电子被剥夺后的原子及原子被电离后产生的正负电子组成的离子化气体状物质，它广泛存在于宇宙中，常被视为固体、液体、气体外物质存在的第四态。对于由等离子体组成的太阳来说，要在各层次之间划分出明确界限是很困难的。尽管如此，为了便于对太阳进行研究，还是将它分成了内、外两大部分。

太阳的里里外外

外部的层次有特色

太阳外部的名字叫大气，它就像地球的大气层一样包裹着太阳。天文学家们按照不同高度和不同性质，将其从内向外分为光球、色球和日冕三层。

光球是人们用肉眼和普通望远镜所看到的太阳圆面，是太阳大气的最里层，也是太阳上极“薄弱”的一层。通常所说的太阳半径也就是指光球半径。它位于太阳内部结构的对流层之外，表面是气态的，其平均密度只有水的几亿分之一。它的厚度大约有 500 千米，约占太阳半径的万分之七。

光球是不透明的，在它的表面密密麻麻地布满了细微的颗粒，总数估计有四五百万颗。它们虽然被称为颗粒，但普通的直径也有 1000 千米，比周围光球要亮一些，其温度要比光球的平均温度高出 300 ~ 400 摄氏度。它们的表现极不稳定，平均寿命只有几分钟。有的刚刚出生，有的突然消失，这种熙熙攘攘的现象就像人们日常所见到的沸腾米粥上不断上下翻腾的热气泡。目前，天文学界普遍认为这种颗粒组织是光球下面气体的剧烈对流造成的现象。

光球表面另一种著名的活动现象便是太阳黑子。黑子是光球层上的巨大气流旋涡，大多呈现椭圆形，在明亮的光球背景反衬下显得有些暗黑，但实际上它们的温度高达 4000 摄氏度左右。倘若能把黑子单独取出，一个大黑子便可以发出相当于满月的光芒。日面上黑子出现的情况不断变化，这种变化反映了太阳辐射能量的变化。太阳黑子的变化存在复杂的周期现象，平均活动周期为 11.2 年。

色球是在光球之上的那层大气，它的厚度大约有 8000 千米，化学组成虽然与光球基本上相同，但其层内的物质密度和压力要比光球低得多。在日常生活中，离热源越远处温度越低，而太阳大气的情况却截然相反，光球顶部接近色球处的温度差不多是 4300 摄氏度，到了色球顶部温度竟高达几万摄氏度，再往上，到了日冕区温度陡然升至上百万摄氏度。人们对这种反常增温现象感到疑惑不解，至今也没有找到确切的原因。

色球在平时是不容易被人们观测到的。过去，这一区域只是在日全食时才能被看到。当月球遮掩了光球明亮光辉的一瞬间，人们能发现日轮边缘上有一层玫瑰红的绚丽光彩，于是便有了“色球”一说。至于色球上那些隐约可见的火焰，就是天文学上讲的“日珥”。

日冕是太阳大气的最外层，在它的外边就是广漠的星际空间了。在日全食时，日面周围放射状的非常明亮的银白色光芒即日冕。它的厚度可达几个以至十几个太阳的半径。其物质也是等离子体，密度比色球层更低，而温度反比色球层高，可达上百万摄氏度。它的形状很不规则，并且经常变化，还会向外膨胀运动，使得热电离气体粒子连续地从太阳向外流出而形成太阳风。

为了在没有日全食的时候也能够观察日冕，有不少人为之做过努力，但是都失败了。直到 1930 年，法国的一位叫李奥的工程师创造出日冕仪，才使得广大天文学家和天文爱好者们如愿以偿。不过，用日冕仪即使是在高山上也只能够看见内冕，也就是距太阳边缘小于 0.3 个太阳半径的日冕区域，而在这外面的外冕，却是看不到的。

内部的层次也精彩

太阳的物质几乎全部集中在内部，大气在总质量中所占的比重是微不足道的。由于太阳是不透明的，人们平常看到的只是它的表面现象。天文学家们通过对太阳表面各种现象的研究，建立了太阳内部结构和物理状态的模型。

太阳的内部主要可以分为三层：核心区、辐射层和对流层。

核心区是太阳巨大能量的源头，完全处于高密度、高温和高压状态。它的半径大约是太阳半径的 1/4，质量约为整个太阳质量的一半以上。这里的温度高极了，大概可以达到 1500 万摄氏度；压力也极大，使得由氢聚变为氦的热核反应得以发生，从而释放出巨大的能量。这些能量主要靠辐射形式，通过辐射层和对流层，传送到太阳光球的底部，并通过光球向外辐射出去。

辐射层的范围是从核心区顶部的0.25个太阳半径向外到0.71个太阳半径，这里的温度、密度和压力都是从内向外递减。从体积来说，它占整个太阳体积的绝大部分。

对流层是太阳内部结构的最外层，它的厚度一般认为有几万千米，范围即从0.71个太阳半径向外到达太阳大气层的底部。顾名思义，这个区域的气体经常处于升降起伏的对流状态，是变化很大且极不稳定的。天文学家们认为，对流层的存在对于太阳物理学很重要，因为大气层里边形形色色的活动现象产生的根源很可能就在对流层。

当之无愧的“劳动模范”

如果选举太阳为劳动模范的话，相信谁也不会提出意见。太阳是世界上名副其实的、最勤奋的劳动者，它每时每刻都在无怨无悔、辛辛苦苦地“忙碌”着，向外释放出巨大的能量。太阳能和其他一些恒星散发的能量是一切能量的总源泉。到达地球大气上界的太阳辐射能量称为天文太阳辐射量，现在，人们已经能够采用仪器测量地表所接受的太阳能量。如果考虑到大气层的吸收效应等，那就可以推算出垂直于地球大气层外沿上，单位面积和单位时间里接受的太阳辐射值。这个数值在不同的地方测量或推算，几乎没有多大的变化，被称为“太阳常数”。

目前，国际上公认的太阳常数为1.94卡/平方厘米，或者是1.353千瓦/平方米。用这个常数乘上以地球半径算出来的球面积，就可以得出地球每分钟内接受到的太阳辐射能量。而这个数，只是太阳朝四面八方释放的总能量的22亿分之一。

那么太阳在每分钟内发出的总能量是多少呢？估计约为每分钟2.273×10^{28}焦。也就是说，太阳每秒辐射到太空中的热量相当于一亿亿吨煤炭完全燃烧产生的热量的总和，相当于一个具有5200万亿亿马力的发动机的功率。

光谱分析表明，太阳内部的物质有氢、氦、氧、镁、氮、碳、硫、钠、钙等几十种，其中氢最多，氦第二，这两样占去了整个太阳的90%～95%。现代科学这样告诉人们，太阳释放的光和热来自它内部剧烈的热核反应。在以往漫长的45亿年当中，太阳能量的损失还非常小。可以想象，在太阳内部核聚变的推动下，人类还将世世代代享受到太阳能这个巨大的天赐能源。

据统计，太阳每年无私送给地球的能量相当于100亿亿度电的能量。有了太阳光，地球才会充满生机，植物才会进行光合作用。据计算，全世界的绿色植物每天可以产生约4亿吨的蛋白质、碳水化合物和脂肪，与此同时，还能向空气中释放出近5亿吨的氧，为人类和动物提供充足的食物和氧气。没有太阳，就不可能有地球上姿态万千的生命现象，当然也不会孕育出作为智能生物的人类。

太阳的能量来自哪里

毫不夸大地说，生活在地球上的人类迄今为止利用的主要能量，都直接或间接地来自于太阳。而在人类有史可查的漫长岁月中，太阳的光和热却未见丝毫减弱，这既让人高兴，又令人费解：如此巨大而持久的能量究竟是从哪里来的呢？

古往今来的科学家们对此众说纷纭。首先有“燃烧说”，这是一种最原始也是最朴素的猜测。该观点认为，太阳是通过燃烧内部物质而发出光和热的。有人甚至设想太阳是一个巨大无比的“煤炉”，靠类似煤炭燃烧发出强光并辐射热量。然而，根据测量，太阳表面温度高达5000多摄氏度，很难解释由碳和氧发生化学反应生成二氧化碳的“燃烧”现象能达到这样高的温度。同时，根据测到的数据，太阳每秒的辐射能量以功率单位瓦计算为 3.826×10^{26} 瓦，用普通的燃烧难以维持这个大得惊人的天文数字。再者，如果太阳是靠这种化学能来维持的话，最多不过能燃烧几千年罢了。可是至今太阳已经存在了至少50亿年而仍然不见衰退的迹象，由此可见，“燃烧说”不符合事实。

于是又出现了“流星说”。有人认为太阳周围有稠密的流星，它们以可观的速度撞击太阳，这样流星的动能便转变为太阳的热能。然而，果真如此的话，欲维持太阳发出的那样巨大的能量，坠落在太阳表面上的流星之多，应该使太阳的质量在近2000年内有显著的增加，这就会影响八大行星的运动，但是从八大行星的运动情况来看，并没有发生什么显著的变化。况且按照牛顿的万有引力理论，流星不会飘浮在太阳的上空，不会大量落在太阳上。

关于太阳能的来源，第一个被认为可称得上“理论”的，是由德国天文学家亥姆霍兹于1854年提出的太阳“收缩说”。他认为，像太阳那样发出辐射的气团必定会因冷却而收缩。当气团分子在收缩中向太阳中心坠落时，势能转变为动能，再转变为热能以维持太阳所发出的热量。但是，后来的计算表明，如果真的是像这个“理论”讲的那样，太阳的寿命不应超过5000万年，而太阳的实际年龄却是50亿岁。这样的结果，连亥姆霍兹本人都对“收缩说”摇起了脑袋。

继“收缩说”之后出现的是“核燃烧说”。根据光谱分析，太阳中含有丰富的氢，还有少量的氦。可见，这两种元素一定与太阳能有密切的关系。1911年原子核发现后，人们开始猜测太阳能也是从原子核反应中释放出来的。已知的几个核子(组成原子核的粒子)通过核反应结合在一起就会放出能量。例如4个氢通过核反应结合成1个氦，便能够放出20兆电子伏以上的能量。按照著名的爱因斯坦质能关系式，4个氢核质量约相当于4000兆电子伏的能量，核燃烧后的质量亏损率为0.5%。而根据太阳的辐射功率，同样可由质能关系估计出太阳每秒减少的质量为4×10^{9}千克，这与太阳总质量1.989×10^{30}千克之比为2×10^{-21}，这就是太阳的质量亏损率。两者一比较，便得出太阳寿命约为几百亿年。于是人们恍然大悟，原来氢就是太阳中的燃料，氦则是它燃烧后的余烬，太阳能来自氢的聚变反应。从太阳光的光谱分析，也证实太阳里确实存在氢气和氦气。

人类对太阳能来源的认识可以说是在步步深化，然而，疑团却远未解开。氢弹爆炸是瞬息之间发生的，反应是在顷刻之间完成的，人们至今无法控制聚变反应，使之像裂变反应那样持续进行。要是太阳在进行“氢弹爆炸”，为什么不是所有的氢一起参加反应？要是所有的氢一起参加反应，而这个反应又是一次完成，反应之后理应逐渐冷却。但是，研究结果证明，数百万年来，太阳光的强度没有丝毫减弱。如果太阳是在进行大规模的有控制的热核反应，那么什么条件使得太阳中的氢能局部地持续地参与聚变反应？

可控热核反应正是人们追求的目标，但是至今没有做到。由此看来，太阳能的来源问题，仍是科学家们努力探索的一个谜题。

太阳燃料烧完以后

众所周知，地球上万物的生长、繁殖，完全依赖着太阳提供的能量。假如没有了太阳，难以想象地球会是一个什么景象。然而，太阳的燃料并非无穷无尽，它也是有限的，如此下去，总有一天会消耗尽的。到了那个时候，地球上将会发生什么情况呢？一些科学家对此作出了解答。

太阳就像一个不断进行核聚变反应的大炉子，每时每刻都燃烧着特殊的燃料——氢，把氢聚变成氦，放出极大的能量，就和人们所进行的氢弹爆炸试验差不多。太阳就这样一直烧了 50 亿年，估计目前大约还存有 60 亿亿亿吨可燃烧的氢，如果今后还保持今天这样的速度燃烧下去的话，大概还能烧 50 亿 ~ 60 亿年。当太阳上的氢消耗尽了，太阳上的物质也就几乎全都变成了氦。那个时候，太阳中心的温度就会逐渐升高，温度高到一定程度，就会发生氦聚变反应，产生更复杂的物质，放出更大的能量。从那个时候起，太阳这个大炉子就开始燃烧新的燃料——氦。太阳一边燃烧氦，一边不断膨胀，最初阶段，体积是现在太阳的几倍、几十倍，到后来达到几百倍、几千倍，与此同时，太阳的光度不断增强，最后达到今天太阳光度的上千倍。

从太阳开始燃烧氦起，太阳就逐渐演化成一颗红巨星，它表明太阳进入了“垂暮之年”。红巨星上的氦不断消耗掉，当氦烧光之后，其中心形成巨大的空洞，于是便开始坍缩，体积越来越小，密度越来越大。这时，太阳就又演变成一颗白矮星了，它标志着太阳开始了“垂死挣扎”的阶段。等到白矮星不能再收缩了，也没有任何能量释放时，太阳就会演变成冰冷的黑矮星，正式宣布生命的终结。

可能用不着等到太阳彻底“死亡”的日子，也许就在它的氢燃料燃烧完，开始燃烧氦的那时起，地球就已经遭遇了很大的劫难。那时候，太阳释放出的热量比现在要多出成百上千倍。它无情地烤着地球，地面上的温度猛烈上升，用不了多长时间，江河湖海就被烤干了，地球上不再有一滴水，甚至地球上的铅也被烤化了。至于地球上的生命，很快就会被强烈的阳光烤死，地球从而由一个繁荣的星球变成一个荒凉、死寂、滚烫的星球。

总之，科学家为人们描述出的是一幅十分凄凉、悲观、可怕的图画。然而，这却是今后一定要发生的事实。太阳从生到死有它自己的规律，是不以人类的意志为转移的。但是，面对这种情景，人类应该怎样应对呢？尽管有很多人认为，这是50多亿年以后才会发生的事情，从时间上看遥远着呢，现在考虑这个问题有些操之过急。不过，许多科学家不这样想，他们觉得未雨绸缪是必要的，因此已经开始在为此操心了。

有的科学家提出，届时可以让人类移居到离太阳较远的星球上去，比如木星的两颗卫星木卫三和木卫四上都覆盖着厚厚的冰层，在变成红巨星的太阳的烘烤下，冰就会融化，再加上人类的努力，它们也许就会变得较适合于人类居住。但令人担心的是，所有的地球居民不可能都被转移到外层空间，那时候由谁来决定哪些人该生存下去呢？

针对这个方案的缺点，有的科学家提出了另一个解决办法：那就是使地球离开目前的运行轨道，与变成红巨星的太阳保持一个安全的距离。据计算可知，只要把地球上10%的水“蒸发”掉，就可以使地球移出自己的轨道而进入土星的轨道。而要想做到这一点，人类就要获得足够的能量，掌握可控氢聚变反应。同时，还要面对海平面下降200米的后果。

更多的科学家们感到，即便上面两个方案能够完善地实施，也不过是权宜之计，因为太阳演变成红巨星的阶段也许只有1亿年左右，过了这段时间，太阳就会迅速缩小塌陷，不再放出光和热量来。如果这一天来到了，人类又该怎么办呢？

于是，有的科学家提出了一个大胆的设想，这就是想办法让太阳继续生存下去。这个想法听起来好像很荒唐，却有一定道理。我们说过，太阳是以氢为燃料的，一边在核心区进行聚变反应，一边剩下大量废物。而在太阳核心与表层之间，存在着许多尚未燃烧的氢。如果能够用什么办法让氢燃料流动起来，进入太阳核心区，排除掉那些废物，太阳的生命就可以延长至少 100 亿年。

从理论上讲，造成氢燃料的流动并不难，只要周期性地搅拌太阳内部，就像我们用匙子搅拌使糖均匀而充分地溶解于水一样，或者像烧篝火那样，把周围的木柴堆到火堆中间，就可以使篝火继续燃烧下去。但实际做起来，其难度却要远远超过人们的想象。因为要想做到这一点，就必须在太阳核心部分与表层之间制造一个“热点”。有的科学家提出，有两个方案可以采纳：一是引爆超级氢弹，二是向太阳表面发射威力极强的激光束。如果实行第一个方案，就要考虑怎样才能把这些氢弹送到目的地而不至于在途中被熔化掉；如果实行第二个方案，就要考虑如何使激光的能量在途中不会过早消耗掉。而要想解决这两个方面的难题，却是很不容易办到的。

还有的科学家认为，采取一定手段虽然有可能延长太阳的寿命，但却不能从根本上解决问题，要想找到真正的出路，只有研制人造太阳。从目前人类的科技水平来看，研制人造太阳只有从利用热核反应着手。如果想办法减慢核子混合物的燃烧速度(合成反应速度)，就有可能制造出小型太阳来，但这个办法目前还没有找到。而且令人担心的是，如果不能有效地控制这种反应，“点燃”了核子混合物，就会引起原子爆炸，其后果不堪设想。但很多科学家还是满怀信心地认为，当人类彻底掌握了热核反应的奥秘后，人造太阳就一定会从理想变成现实。

同时，他们还认为，50 亿年之后，地球人类的后裔会进化、发展到何种程度，地球上的科学技术会发达到何等地步，那是今天的人类所无法想象的。但是，有一点是可以肯定的，就是到那个时候，人类肯定会想出许多摆脱灾难的聪明办法，其高明程度也是今天的人类所无法想象的。

太阳离地球非常遥远

人们站在地球上看太阳，觉得它与月球一样，离地球比较近。实际上，太阳与地球之间的距离是非常遥远的，几乎是月球与地球之间距离的400倍。当年，为了测定太阳与地球之间的距离，几代天文学家付出了艰苦的努力。

早在古希腊时，有一个名叫阿里斯塔克的天文学家，利用月亮上、下弦成为半月的机会来测定太阳与地球之间的距离，他得出的结论是太阳离地球比月球离地球远18～20倍。应该说阿里斯塔克的想法是对的，但当时的仪器很简陋，因此他得出的结论就谬之千里了。

1672年，正逢火星"大冲"，这时候太阳离地球最近。法国巴黎天文台的首任台长卡西尼抓住这个机会，设计出了一种精巧的办法，来测定太阳与地球的距离。他先测出火星的视差，从而推算出太阳的视差即距离。最后得出结论，太阳与地球的距离为13800万千米。他的论文刚一发表，立即引起了一片欢呼。天文学家们欢呼，是因为得到了一个极其重要的天文常数；法国的皇帝和大臣们欢呼，则是因为法国的"版图"扩大到了天空中。

20世纪初，天文学家们得知，1931年时有一颗名叫"爱神星"的小行星将发生"大冲"，届时它能跑到距离地球2500万千米的地方，这要比火星"大冲"时与太阳的距离近一倍多。为了抓住这个天赐良机，国际天文学联合会兴师动众，把14个国家的24个天文台、站组织到一起，进行了一场空前规模的联合观测。这些天文台、站进行了将近300次观测，又花了整整7年时间对这些观测资料进行分析归纳和综合处理，最后得到的日地距离为14967万千米，后来又进一步修正为14958万千米。

到了近代，出现了雷达和激光技术，人们轻而易举地获得了更精确的日地距离为14959.7892万千米，其误差不超过±1千米。同时，还得出日地最远距离为1.521亿千米，最近距离为1.471亿千米，远日点与近日点距离相差大约 500 万千米。

国际天文学联合会后来作出决定，从 1984 年开始，日地距离平均值采用 14959.787 万千米。也就是说，太阳离地球大约有 1.5 亿千米那么远！

1.5 亿千米是一个什么概念呢？打个比方，假设太阳和地球之间有一条康庄大道，一个人用每小时 5000 米的速度步行，他昼夜不停地前进，将走 3500 年才能到达太阳。如果是乘坐时速 500 千米的高速火车，不停地奔驰，从地球到太阳也得花上 34 年多的时间。即使是搭乘时速 1000 千米的喷气式客机，也要不停地飞 17 年，才能从地球到达太阳。假如太阳上有一天发生了大爆炸，地球上的人要在 14 年后才能听到这巨大的声响。世界上速度最快的莫过于光了，每秒钟能跑 30 万千米。让太阳光往地球上跑，那也得需要 499 秒才能到达。假设太阳突然不发光了，地球也要过了 8 分钟以后才能陷入黑暗之中。

9 太阳光谱的发现

1672 年，牛顿在英国剑桥大学的一间学生宿舍里，进行了一次具有划时代意义的实验。他让一束太阳光从窗洞射进来，并穿过了一块三棱镜，结果发现原来的一束白光扩展成了一条彩色的光带，依次显示出红、橙、黄、绿、蓝、靛、紫等不同的颜色。这条光带就是后来人们所说的太阳光谱。

牛顿的这个实验告诉人们，白光是由红、橙、黄、绿、蓝、靛、紫等 7 种色光组成的混合物，被叫做复色光。而组成白光的那些色光，则被叫做单色光。复色光分解为单色光而形成的光谱现象被叫做光的色散。各单色光的波长不同，例如红光的波长大约为 6500 埃，而紫光的波长大约为 4000 埃。各种物质发射或者吸收不同波长的光，因此它们具有不同的颜色。那么三棱镜为什么能够分光呢？原来这是因为各种波长的光在三棱镜中的折射情况不同，在穿入三棱镜后就各奔东西了。

牛顿发现太阳光谱以后，广大天文学家们备受鼓舞。很快就有天文学家发现，太阳光谱并不单纯是一条连绵不断的光带，也就是所说的连续光

谱，而是在这连续光谱上叠现出许多被称为是吸收谱线的、暗黑色的细线。还有的天文学家发现，不光是三棱镜，利用光栅也可以得到太阳光谱。所说的光栅即表面刻有成千上万条细线的玻璃或金属板。不过这时是靠光的衍射现象，而不是像三棱镜是由光的折射来形成光谱的。到了19世纪末期时，天文学家们就利用大型的光栅光谱仪获得了十几米长的太阳光谱，还发现了两万多条吸收谱线。在一切所发现的光谱中，太阳光谱无疑是最丰富多彩的。

那么，研究光谱有什么意义呢？简单地讲，天文学家们通过研究光谱，可以了解太阳和恒星大气的结构、物态、成分以及太阳的活动性质。

10 复杂多样的太阳磁场

地球上有磁场，月球上没有磁场，太阳上有没有磁场呢？天文学家们的回答是肯定的，太阳上有磁场，而且要比地球上的磁场更强，更多样化。

美国天文学家海耳（1868 ~ 1938 年）是太阳磁场研究方面的先驱者，

他从1908年开始，在威尔逊山天文台利用谱线的塞曼效应测量太阳磁场现象。所谓塞曼效应，是由德国物理学家塞曼在1896年时发现，后以他的名字命名的，其主要内容为：利用磁场内辐射的两种性质，即谱线的分裂或致宽和支线的偏振，能够对天体磁场进行精密的测量。截至目前，几乎一切天体磁场的测量，都是根据塞曼效应进行的。

海耳的主要发现是，太阳和地球相似，也有遍布各处的普通磁场。太阳黑子有很强的磁场，强度一般高达三四千高斯，而地球磁场只有一高斯。其后的研究者发现黑子以外的日面活动区也有比较强的磁场，强度大约为几十至几百高斯。

1953年，美国的又一位天文学家巴布科克和他的父亲一道发明了用以观测太阳表面的微弱磁场的太阳光电磁像仪。在以后的20多年时间里，各种不同类型的磁像仪先后研制成功，推动了实测工作的进展，人们陆续发现日面磁场的分布很不均匀，在个别被叫做“磁节点”的狭小区域，磁场比周围强得多，可达一千多高斯。磁场的存在，对太阳等离子体的运动和辐射有着深刻的影响。黑子、耀斑、日珥、射电爆发等各种太阳活动现象都与磁场密切相关。如果没有磁场的话，太阳将会变得十分宁静。

目前，天文学家们对太阳磁场的测量，局限于太阳大气。通过高分辨率的观测表明，太阳磁场有很复杂的精细结构。至于太阳内部磁场，现在还不能直接测量，只能用理论方法作粗略的估计。有的天文学家认为它可能比大气的磁场强得多。

关于太阳磁场的来源，至今还是一个尚未解决的难题。但是在天文学界存在着两种比较集中的观点。一种观点认为，现有的磁性是几十亿年前形成太阳的物质遗留下来的。而另一种观点认为，太阳的磁场是带电物质的运动使微弱的中子磁场得到放大的结果。它们都有各自的理论，孰是孰非，还没有定论。

太阳南北两极有秘密

太阳对地球上的人类来说，始终是一个熊熊燃烧的大火球，不过这只是指太阳赤道地区的情况而言。地球围绕着太阳公转，就是沿着太阳赤道的轨迹转动，而太阳的个头实在太大了，所以从地球上观测太阳，只能看到太阳赤道附近的情况，那么，太阳的南北两极又是怎样的呢？

人类在没有到达地球的南北两极时，总以为那里也和自己生活的地区一样，等后来到了那里，才发现那是一个与热带和温带截然不同的冰雪世界。同样，人们在没有条件对太阳南北两极进行考察之前，所做的种种猜想很有可能与实际情况相距很远。那里与太阳赤道地区是不是一样？那里的温度比赤道地区高还是低？它们是怎样影响太阳的？如此种种的问题都还是个谜。

科学家们普遍认为，要想揭开这些谜，就要对太阳的南北两极进行探测。然而，由于太阳实在太大了，其体积是地球的130万倍，探测器要想到达太阳的两极上空，必须经过特别复杂而困难的飞行。经过多年反复深入的研究，科学家们终于在1990年成功地将“尤利西斯号”探测器送入太空轨道。1994年9月，这个探测器第一次飞越了太阳南极，为人类传回了许多出乎意料的数据。

X射线图像显示，太阳南极有几个日冕洞，它们宽约几千千米。高速喷发的太阳风从这些日冕洞中源源不断地逸出，速度达到每秒800千米，比赤道上喷出的太阳风差不多快两倍。

太阳两极的磁场强度较弱，科学家认为在太阳活动处于低谷时，经由太阳两极的宇宙射线要比经由太阳赤道区域的宇宙射线多。但是“尤利西斯号”探测器所传回的数据却没有证明这一点，太阳两极的宇宙射线数量仍然相当低。

美国航空航天局以前曾观测到日冕中存在着巨大的扰动，“尤利西斯号”探测器在太阳南极区域也发现了这种扰动。虽然太阳赤道区域也有类似活动，但由于太阳极地有着不同的环境，这里的物质喷发产生了几百万千米宽的波，这是赤道区域所没有的。

美国科学家报告说，“尤利西斯号”探测器发回的数据显示，太阳的磁场强度呈现出均匀分布的特征，并不像地球一样具有磁性意义上的南北两极。

1995 年 6 月，“尤利西斯号”探测器开始飞越太阳北极，又传回了很多数据。根据这些数据，在上一个太阳活动周期里，太阳北极要比南极冷上 8 万摄氏度。为什么会有这么大的差异呢？没有人能够说清楚。科学家们相信，在掌握了更多的数据之后，就有可能彻底揭开太阳南北两极的秘密。

12 宇宙间的“隐身人”

宇宙间的“隐身人”是天文学家们送给中微子的一个绰号。天文学家们为什么要送给中微子这样一个绰号呢？原来，中微子是一种质量非常小，不带电的基本粒子，显示为中性，不跟周围的物质发生作用，可以自由穿过地球，不愿显露自己，人们很难观测到它的存在。

早在 1931 年时，奥地利的物理学家泡利就根据理论推测出，在原子核聚变反应的过程中，不仅会释放出大量能量，还会释放出大量的中微子。

1956年时，美国科学家莱因斯和柯万在实验中直接观测到了中微子。从此中微子引起了天文学家的注意。他们认为，如果太阳真的像理论上所说的进行着热核反应的话，一定能产生大量的中微子。中微子的穿透能力极强，能够穿透1000个地球而不被阻挡。也就是说，它一经产生，就会一直在宇宙中游荡。据计算，太阳内部每秒钟能产生出大约2000亿亿亿亿个中微子，地球表面每平方厘米的面积上，每秒钟就要遭受到几百亿个太阳中微子的轰击。在宇宙中，来自太阳的中微子更应该到处都是，它们畅行无阻地射向四面八方。

1968年，美国布盖克海文国家实验室的科学家戴维斯等人做了一次捕捉太阳中微子的实验。他们在美国南达科他州的一个深1500米的金矿里，安放了一个装有380立方米化学溶液(四氯乙烯)的大钢罐。当中微子穿过这种溶液时，就会和它发生化学反应，生成氩原子，并放出电子。用计数器测出产生了多少个氩原子，就可以知道有多少中微子参加了反应。按照原先的估计，每天至少能捕捉到一个中微子，但结果过了五天却没有捕捉到一个。这是为什么呢？难道太阳根本就没有产生出那么多的中微子吗？这个问题引起了科学界的极大重视，成为著名的太阳中微子失踪之谜。

关于太阳中微子失踪的原因，科学家们进行了种种理论推测和分析。有人认为，可能是目前人们对太阳内部状态的认识有差错。人们对太阳结构的了解主要是利用太阳外部大气的一些数据推导出来的，这里面可能有偏差。甚至有人认为，太阳内部可能并未进行人们设想的那种反应，不然就是现有的原子核反应理论有问题。

另有一些人认为，目前人们对中微子的认识有问题。过去人们一直认为中微子和光子一样，是没有静止质量的。然而一些新的研究成果表明，中微子似乎是有静止质量的，数值约34电子伏特，即为7×10^{-32}克。这个数字虽然很小，但宇宙中所有的中微子质量加起来就可观了。有人估计，中微子的质量约占宇宙中物质总质量的99%。既然中微子静止时质量不等于零，那么它就应该存在三种类型。当它在宇宙中传播时，会从一种类型变成另一种类型。用目前所做的捕捉中微子的实验，只能捉到一种类型的中微子，而其他两种中微子必须用其他方法才能捕捉到。

小小的中微子向天文学家和物理学家都提出了挑战，要求他们重新检查以往对太阳结构和中微子所确定的认识。假如这两方面的认识都是正确的，那么问题又出在哪儿呢？看来，这确实是个很有难度的问题。

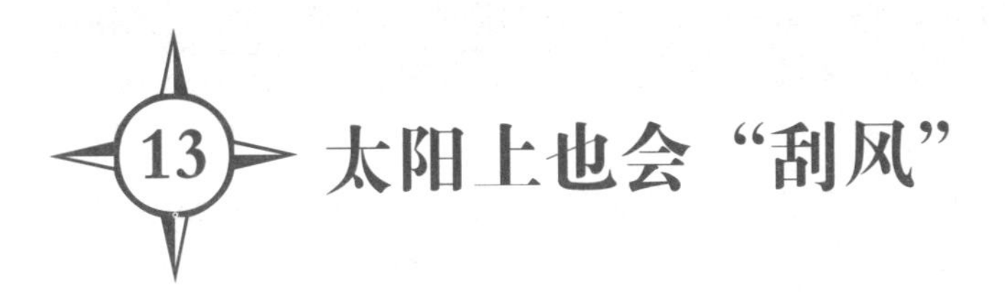

13 太阳上也会“刮风”

太阳和地球一样，也有“刮风”的现象，天文学家们将这种现象命名为“太阳风”。它是一种连续存在，来自太阳并以200 ~ 800千米/秒的速度运动的等离子流。这种物质虽然与地球上的空气不同，不是由气体的分子组成，而是由更简单的比原子还小一个层次的基本粒子——质子和电子等——组成，但它们流动时所产生的效应与空气流动十分相似，所以称其为太阳风。

虽然，“太阳风”的名称是20世纪50年代才提出来的，但是关于太阳风存在的可能性，在几百年前就有人提出过猜想。有意思的是，这个猜想后来竟然是通过彗星的尾巴得到证明的。

一个带着尾巴的明亮彗星出现时，彗星的方向总是有规律的：不论在任何时候和任何情况下，彗星总是背着太阳。换句话说，在彗星越来越接近太阳的阶段，彗头在前好像拉着彗尾一起前进，彗尾冲着与太阳相反的方向延伸开去。在彗星越过绕日轨道上的近日点，越来越离开太阳的阶段，彗尾冲着与太阳的相反方向延伸的现象还是不变，可是看起来却好像是彗尾在前拉着彗头一起离开太阳。

这种现象使人们联想到生活中的情景：逆风行走的时候，人的头发自然向后飘；顺风行走的时候，头发就会被吹到前面来。于是，许多人相信，太阳上也在“刮风”。

可这是一种什么样的风呢？

有人认为，太阳除了辐射出来的可见光之外，一定还有各种带电的粒子从它那里来到地球上，只是人们暂时还没有发现它们而已。这实际上已经指出了太阳风的存在。美国天文学家帕克进一步描述了来自太阳的这股“风”。他认为，日冕没有明确的边界，而是处于持续不断的膨胀状态，使得高温低密度的粒子流高速而稳定地“吹”向四面八方，膨胀速度可以达到每秒 400 ~ 800 千米。

后来，人造地球卫星所作的观测，也完全证实了太阳风的存在。当然，太阳风与地球上的风相比，是非常非常稀薄而微不足道的，一般情况下，在地球附近的行星际空间中，每立方厘米有几个到几十个粒子。而地球上风的密度则为每立方厘米有 2687 亿亿个分子。太阳风虽然十分稀薄，但它刮起来的猛烈劲儿，却远远胜过地球上的风。在地球上，12 级台风的风速是每秒 32.5 米以上，而太阳风的风速，在地球附近经常保持在每秒 350 ~ 450 千米，是地球风速的上万倍，最猛烈时可达每秒 800 千米以上。

天文学家们发现，太阳风主要有两种形式：一种是表现比较温和的，持续不断地辐射出来，速度较小，粒子含量也较少，它被称为“持续太阳风”。另一种是表现比较“暴烈”的，在太阳活动时辐射出来，速度较大，粒子含量也较多，它被称为“扰动太阳风”。“扰动太阳风”对地球的影响很大，当它抵达地球时，往往引起很大的磁暴与强烈的极光，同时也产生电离层干扰。“扰动太阳风”的速度可达到每秒 1000 ~ 2000 千米。速度这么快的太阳风，究竟能吹多远呢？科学家们考虑了空间各种物质成分对它存在的影响之后，推算出太阳风的最远边界大致在 25 ~ 50 个天文单位之间。

太阳风的存在，给人们研究太阳以及太阳与地球的关系提供了方便。对研究行星际磁场中出现的各种物理过程、行星际磁场的结构，特别是地磁扰动现象，是一个非常重要的因素，只是目前人们对它的观测和研究还很不够，对它的本质的了解还需要做大量的工作。如果解决了上述问题，将使天文学的研究产生一个巨大的飞跃。

14 认识太阳风暴

所谓太阳风暴，是指太阳在黑子活动高峰阶段产生的剧烈爆发活动。它虽然被认定是由美国“水手2号”探测器于1962年发现的，但实际上之前就已经有天文学家注意到了这种现象。

1850年时，一位名叫卡林顿的英国天文学家在观察太阳黑子时，发现在太阳表面上出现了一道小小的闪光，它持续了约5分钟。卡林顿认为自己碰巧看到一颗大陨石落在太阳上。

1899年，美国天文学家霍尔发明了一种“太阳摄谱仪”，能够用来观察太阳发出的某一种波长的光。这样，人们就能够靠太阳大气中发光的氢、钙元素等的光，拍摄到太阳的照片。结果查明，太阳的闪光和什么陨石毫不相干，那不过是炽热的氢的短暂爆炸而已。

到了20世纪20年代，由于有了更精密的研究太阳的仪器，人们发现这种“太阳光”是很普通的事情，它的出现往往与太阳黑子有关。小型的闪光是十分普通的事情，在太阳黑子密集的部位，一天能观察到一百次之多，特别是当黑子在“生长”的过程中更是如此。而像卡林顿所看到的那种巨大的闪光却是很罕见的，一年只发生很少几次。有时候，闪光正好发生在太阳表面的中心，这样，它爆发的方向正冲着地球。在这样的爆发过后，地球上会一再出现奇怪的事情：一连几天，极光都会很强烈，有时甚至在温带地区都能看到；罗盘的指针也会不安分起来，发狂似的摆动，因此这种效应有时被称为“磁暴”。随着科技的进步，极光的奥秘也越来越为人们所知，原来，这美丽的景色是太阳与大气层合作表演出来的作品。在太阳创造的诸如光和热等形式的能量中，有一种能量被称为“太阳风”。我们在前面已经对太阳风现象作了介绍，大家知道当它以极快的速度撞击地球磁场时，虽然大部分带电粒子会被地球自身的磁场推开，但是也还会有一些在“漏网”后进入大气层，从而引起极光和各种电磁现象。向地球方向射来的强电粒子云的一次特大爆发，会产生“太阳风暴”的现象，磁暴效应这时也就会出现了。

有天文学家指出，太阳风暴随太阳黑子活动周期每 11 年发生一次。这是太阳的一种周期性的变化。地球曾在 1859 年经历强大的太阳风暴袭击。由于当时电力通讯不发达，因此未造成重大灾情。现在就不同了，在人们越来越依赖电子设备的情况下，太阳风暴爆发时，磁暴将威胁卫星，影响无线电接收和各种电子设备，雷达也不能工作，譬如医院、银行、机场都无法运作。据悉，20 世纪 70 年代时的一次太阳风暴导致大气活动加剧，增加了当时属于苏联的“礼炮号”空间站的飞行阻力，从而使其脱离了原来的轨道。1989 年发生的太阳风暴曾使加拿大魁北克省和美国新泽西州的供电系统受到破坏，造成的损失超过 10 亿美元。

美国宇航局在日前观测宇宙气象时发现，2012 年太阳很可能会再次苏醒，爆发太阳风暴。如果这一切成真的话，给人类带来的经济损失，预计将是 2005 年卡特里娜飓风的 20 倍，那一次卡特里娜飓风重创美国新奥尔良州，造成 1250 亿美元的损失。

太阳风暴爆发期间，对人体的健康也会造成一定的影响。它会使人的情绪易于波动，人体免疫力下降，很容易引起病变。

目前，各国科学家正在密切地监测太阳的动态，不断追求提升太空气象预报技术的准确性，希望能够减少太阳风暴的损害或避开它的威胁。

15 发现太阳黑子现象

太阳黑子是在太阳的光球层上发生的一种太阳活动，是太阳活动中最基本、最明显的活动之一。人类对太阳黑子的认识经过了一个漫长的阶段，其中发生了许多有趣的故事。

我们的祖先在很久以前就用肉眼观察到了日面上出现的黑色斑点现象。大约在公元前 140 年，我国《淮南子》一书中就有了这方面的记录，说是“日中有踆乌”。

现今世界上公认的、最早的太阳黑子记事，是载于我国《汉书·五行志》

中的河平元年（公元前28年）3月出现的太阳黑子："河平元年……三月己未，日出黄，有黑气大如钱，居日中央。"这一记录将黑子出现的时间与位置都叙述得十分详细清楚。

欧洲关于太阳黑子记事的最早时间是公元807年8月，当时还被误认为是水星凌日的现象，直到意大利天文学家伽利略在1660年发明天文望远镜后，才确认黑子是确实存在的。而在此之前，我国历史上已有关于黑子的101次记录，这些记录不但有时间，还有形状、大小、位置以及变化情况等等。难怪美国天文学家海耳赞叹道："中国古代观测天象，如此精勤，实属惊人。他们观测日斑，比西方早约2000年，历史上记载不绝，并且都很正确可信。"

人类系统的太阳黑子观测活动是从17世纪开始的。话说1607年5月18日这一天，德国天文学家开普勒正在观测太阳，突然发现太阳圆面上有个小黑点。他以为这是金星凌日造成的，也就没有加以追究。其实，那个小黑点就是太阳黑子。

开普勒发现了行星运动三定律，是一代天文学大师，他怎么会如此粗心大意呢？说起来这也怪不得他，因为在他生活的那个时代里，人们的思想被宗教观念紧紧地束缚住了。教会宣称，所有天体都是上帝创造出来的，万能的主不会创造出一个有瑕疵的天体，太阳和月亮都是最光滑、最标准、最完美的球体，谁敢有丝毫怀疑那就是异端邪说，就得遭受严厉的惩罚。

当时有个名叫席奈尔的天主教士，他在用望远镜观测太阳时，也发现了上面有黑点。他觉得很奇怪，就去向主教大人求教。主教听了他的叙述后，不耐烦地说："孩子，放心好了！这一定是你那该死的望远镜出了毛病，不然就是你太累了，眼睛出了毛病。"

不管教会如何否定，太阳黑子的存在都是无可争辩的事实。几百年来，天文学家们对它作了大量观测，使得人类对太阳黑子的认识变得越来越深入。

国际天文学界从 1755 年开始对太阳黑子活动进行标号统计。

太阳黑子最大的特征就是具有强大的磁场，但不同黑子的磁场强度差别很大，大黑子的磁场强，小黑子的磁场弱。黑子经常成双成对地出现，其中的两个黑子的磁性正好相反。磁力线从一个黑子出来，进入另一个黑子之中。

太阳黑子是不断变化的。日面上的黑子数总不一样。一个黑子的寿命通常是几天，但是也有少数黑子的寿命长达一年以上。太阳上黑子的多寡，代表着太阳活动的盛衰和强弱。

太阳上为什么会出现黑子呢？目前通常的解释是，由于黑子中强大的磁场阻止了光球能量的传递，使得太阳深处的热量无法传到黑子中去，那一部分的温度就比较低，同周围温度较高的区域相比，就显得暗淡一些，这就成了人们经常看见的太阳黑子。

有天文学家认为，太阳黑子实际上是太阳表面一种炽热气体的巨大旋涡，温度大约为 4500 摄氏度。因为比太阳的光球层表面温度要低 1000 到 2000 摄氏度，所以看上去像一些深暗色的斑点。它是光球层物质剧烈运动而形成的局部强磁场区域，也是光球层活动的重要标志。

还有一种观点认为，太阳上出现黑子是由于黑子中的能量大量地向外传播，使得它本身的温度降低，所以就变得黑暗了。

应该说，以上各种解释都部分地说明了太阳黑子出现的原因，只是显得有些简单。看来，如果想充分说明太阳黑子形成的真正原因，还需要天文学家们继续探索。

寻找太阳黑子的规律

19世纪初，在德国一个名叫德萨乌的小镇上，有个药剂师叫亨利·施瓦贝。他是个天文迷，把业余时间都用在观测天象上。当时的天文学家刚刚发现水星的轨道运动有些异常，都认为一定有一颗未知的行星在拉着水星。这颗未知的行星在哪儿呢？施瓦贝跃跃欲试，决心把它抓住。

施瓦贝这样分析道：这颗未知的行星可能很小，发出的光线也很微弱，不容易发现。但当它运行到太阳和地球之间时，由于它面向地球这一面是暗的，所以必定会在明亮的太阳面上留下一个慢慢移动的小黑点。抱着这样的想法，施瓦贝开始观测太阳。

没多久，施瓦贝就发现事情并不像他想象的那么简单。太阳表面上有许多大大小小的黑点，它们就是太阳黑子。为了把黑子和行星的黑影区别开来，施瓦贝就动手把日面上的黑子画成图，一一如实记录下来。

施瓦贝这一画就是整整17年，一个晴天都没放过，他画的黑子图装满了好几个柜子，那个未知的行星还是没有露面。施瓦贝不禁发生了怀疑，在这17年时间中，那颗行星难道一次也没有从日面上经过吗？莫不是把它的影子当成太阳黑子了？想到这里，他便暂时停止了观测，开始分析研究他画出的那些黑子图。又经过了无数个不眠之夜，他还是没有找到那颗行星的踪迹，却意外地发现，太阳黑子的活动是有规律可循的，大约呈现出 11 年的变化周期。

1843 年，施瓦贝把他发现的这个规律写成论文，寄给《天文通报》，那家杂志的编辑认为药剂师哪里懂什么天文，就把这篇文章顺手丢在一边。直到 1859 年，有位天文学家听说了这件事，很感兴趣，就从厚厚的档案里找出了施瓦贝写的那篇论文，并把它发表了出来，很快就得到了天文学界的公认。这时的施瓦贝已经从一个青年变成了双鬓染霜的老人了。

天文学家们注意到，太阳黑子的出现是有规律性的，很少单独活动，常是成群出现。大黑子群有非常复杂的精细结构，一般来说，一群里边会有两个主要的黑子，偏西的那个被称为是前导黑子，偏东的那个叫做后随黑子。它们在日面上的大小、多少、位置和形态等，每天都是不同的。有的年份黑子多，有的年份黑子少，有时甚至几天，几十天日面上都没有黑子。黑子从最多或最少的年份到下一次最多或最少的年份，大约相隔 11 年。也就是说，黑子有平均 11 年的活动周期，这也是整个太阳的活动周期。天文学家们把太阳黑子最多的年份称为“活动高峰年”，把太阳黑子最少的年份作为一个周期的开始年，称为“活动低峰年”，也叫“活动宁静年”。

太阳黑子的增多和减少，呈现出明显的周期性还会引起地球上气候的变化。100 多年以前，有一位瑞士的天文学家发现，黑子多的时候地球上气候干燥，农业丰收；黑子少的时候气候潮湿，暴雨成灾。我国的著名科学家竺可桢也研究得出，凡是中国古代书上对黑子记载得多的世纪，也是中国范围内特别寒冷的冬天出现得多的世纪。

对于太阳黑子 11 年活动周期现象，各方面的专家曾经先后做过实验。比如有的气象学家在统计了一些地区降雨量的变化情况后，发现这种变化也是每过 11 年重复一遍。有的地震学家发现，太阳黑子数目增多的时候，地球上的地震也多。地震次数的多少，也有大约 11 年左右的周期性。有的植物学家发现，树木的生长情况也随太阳活动的 11 年周期而变化。黑子多的年份树木生长得快，黑子少的年份就生长得慢。更有趣的是，有的医学家发现，黑子数目的变化会影响到人们的身体，人体血液中白细胞数目的变化也有 11 年的周期性。而这一切现象究竟是为什么呢？至今还是个谜。

那么，太阳黑子周期就确定无疑是 11 年了吗？不是的。关于太阳黑子周期问题，在天文学界还存在着 22 年、169 年、200 年、430 年、800 年、1000 年、1700 年等各种说法。但最可靠的应该说是 11 年和 22 年这两种周期，因为它们都得到了大量观测证据的支持。

太阳黑子的 22 年活动周期又叫做磁极转换周期，它是由美国天文学家海耳于 1919 年提出来的。

1908 年时，海耳发明了一种观测太阳黑子磁场的方法，并发现黑子往往成双成对地出现。太阳北半球的前导黑子为 S 极时，后随黑子的磁性便为 N 极，而且整个北半球上黑子的磁性都是这样。在此期间，南半球上的前导黑子为 N 极，后随黑子为 S 极。经过 22 年的半个周期后，黑子的极性好像接到了统一命令，全都颠倒过来，即北半球上的前导黑子一律为 N 极，后随黑子一律为 S 极时，南半球恰好相反。再过半个周期，黑子磁场的极性又会恢复到 22 年前的样子。

磁极转换周期的发现对于人们深入认识太阳活动的本质有着重要意义，但是为什么一个磁周期里包含着两个一般所说的 11 年黑子周期呢？磁周期又有着什么样的物理意义呢？这些问题一时还难以说清楚。

应该这样说，不管太阳黑子存在着多少年的活动周期，在过去的 3000 多年中，太阳的活动还是有规律可循的。但是，太阳的年龄是以亿为计算单位的，在几万、几十万，甚至几亿年的时间里，太阳活动的变化情况究竟如何？又是什么原因引起了这些周期性的变化？这些问题显然已经超出了人类目前的认知范围。

17 黑子活动关系人们健康

一些科学家们在经过长期的研究后认为，在太阳黑子活动高峰时，患病人数会明显增加。原因是，一方面，这时太阳会发射出大量的高能粒子流与 X 射线，并引起地球磁暴现象。它们破坏地球上空的大气层，使气候出现异常，致使地球上的微生物大量繁殖，为疾病流行创造了条件。另一

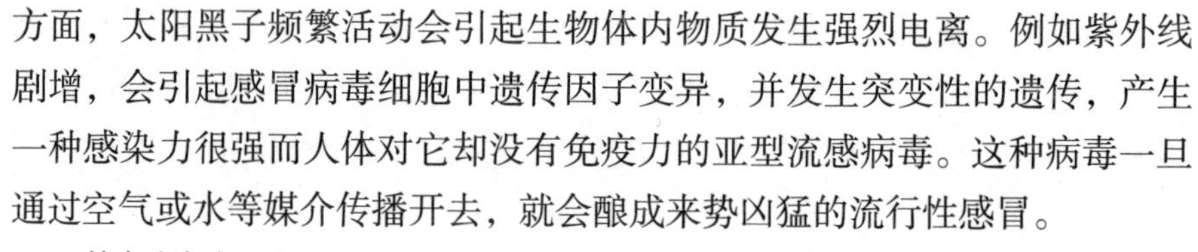

方面，太阳黑子频繁活动会引起生物体内物质发生强烈电离。例如紫外线剧增，会引起感冒病毒细胞中遗传因子变异，并发生突变性的遗传，产生一种感染力很强而人体对它却没有免疫力的亚型流感病毒。这种病毒一旦通过空气或水等媒介传播开去，就会酿成来势凶猛的流行性感冒。

他们同时还发现，在太阳黑子活动极大的年份里，致病细菌的毒性会加剧，它们进入人体后能直接影响人体的生理、生化过程，也影响病程。所以，当黑子数量达高峰期时，要及早预防疾病的大流行。

这些科学家的研究成果是否正确呢？应该说，它得到了大多数人们的认同。但是，也有些科学家对此提出了质疑，他们通过对有关数据的统计认为，疾病的大流行不仅发生在太阳黑子活动最强的时期，也发生在太阳黑子活动最弱的时期。他们列举了流感世界大流行的例子：

1889 ~ 1890 年流行性感冒第一次全世界大流行是在太阳黑子活动低值期（1889 年为 6.3；1890 年为 7.1）。

1900 年流感流行也是发生在太阳黑子活动低值期（1900 年为 9.5；1901 年为 2.7）。

1918 ~ 1919 年“西班牙流感”即流行性感冒第二次全世界大流行，为太阳黑子活动次高值期（1917 年为 103.9；1918 年为 80.6；1919 年为 63.6）。

1957 ~ 1958 年“亚洲流感”为太阳黑子活动最高值期（1957 年为 190.2；1958 年为 184.8）。

1968 ~ 1969 年“香港流感”为太阳黑子活动最高值期（1968 年为 105.9；1969 年为 105.5）。

1977 年“俄罗斯流感”为太阳黑子活动次低值期（1976 年为 12.6；1977 年为 27.5）。

因此，他们得出的结论是这样的，即太阳黑子活动的高值期可以促发病毒突变，而太阳黑子活动的低值期则有利于病毒大量繁殖。

太阳是否正在缩小

每天清晨，旭日东升；每天傍晚，夕阳西下。世界仿佛天天如此，年年相同。在人们的感觉中，月亮还是那个月亮，太阳还是那个太阳。可是如果有人说，今天的太阳比昨天的太阳小一些，今年的太阳也比去年的太阳小一些，你会不会觉得这个说法有些荒唐可笑呢？

可是，有的天文学家经过长期观测和研究，却证明了太阳确实正在缩小。1979 年，美国青年天文学家艾迪对英国格林尼治天文台长达 117 年的子午环太阳观测记录进行了细致的研究，发现太阳的角直径每年大约减少一角秒，这相当于每年缩小 8000 米，每天缩小 20 多米。如果按照这种推算，大约 17 万年以后，太阳就会从太空中消失。艾迪还指出，有人推算出 1567 年 4 月 9 日的日食应该是一次日全食，然而实际观测记录却表明是一次日环食。这说明了那时的太阳比现在大，以致月亮实际上不能完全遮掩住日面，因而造成了日环食。

艾迪的这一结论是令人十分震惊的。如果确如其说，太阳的“萎缩”将会对地球和人类产生严重的甚至是毁灭性的影响。

许多人怀疑艾迪结论的正确性。他们认为，太阳不可能长期以来都以这样的速率收缩变小。如果真是这样的话，太阳在它产生的早期应该比现在大得多，辐射也强得多。但是，在人类居住的地球上，还不能够从地质、古生物和古气象等资料中得到相应的证据。同时，也有人分析了其他天文台的同类太阳观测资料，结论却是近二三百年来，太阳的直径并没有发生多大的变化。

持这两种观点的人各执一词，莫衷一是。为了深入研究有关太阳大小的变化规律，需要有一种不同于“子午环观测”的测定太阳直径的独立方法。1973 年，美国科学家邓纳姆曾提出，利用日全食或日环食的机会，在

全食带或环食带两个边缘记录“贝利珠”出现或消失的时刻，这样就可以精确地推算出太阳的光学直径。“贝利珠”又叫“金刚钻戒”现象，它是日全食刚刚开始时或刚刚结束的那一瞬间，太阳边缘出现的一两个或两三个珍珠似的闪光，这是由于阳光穿过月面山谷的细小狭缝而造成的。首先发现这种现象的是英国天文学家贝利，因而把其命名为“贝利珠”。后来，邓纳姆分析了1915年、1976年、1979年以及1983年的日食观测资料，发现太阳直径确实有缩小的趋势。1987年，中国天文学家万籁等人利用当年9月23日发生在中国中部的日环食，再一次测出了太阳的直径每百年缩小330千米或每年缩小3300米。

但也有人进一步提出疑问，利用日食机会确定太阳直径的工作只是在最近10多年来才达到了较高的精度。而1715年的资料，由于当时的观测水平和技术条件等因素，是否可靠还不能作定论。因此，依据1715年的观测结果来与今天的观测结果相比照，是不科学的。

究竟是1715年的资料有误，还是太阳确实正在缩小？人们正期待着天文学家给予正确的回答。

19 5分钟振荡

太阳看起来很平静，实际上无时无刻不在发生剧烈的活动，这已经不是什么秘密了。但是其活动现象除了太阳黑子、耀斑和日冕物质喷发以外，还有哪些呢？谁也说不清楚。

1960年，美国天文学家莱顿在利用物理学中的多普勒效应测量太阳表面气体物质的运动状况时，意外地发现了一个令人惊讶的现象：太阳表面的气体物质都在持续不断地有规律地上下震动着，整个太阳犹如一个巨大的搏动着的心脏。换句话说，太阳就像人的心脏一样，在不停地活动着。这一发现，是20世纪60年代初天文学界的一项重大发现。

天文学家经过进一步观测发现，太阳表面气体物质上下涨落的总幅度为几十千米。在任何一段时间里，太阳表面总有2/3的区域在蔚为壮观地振荡着。太阳表面某一固定地点的气体急剧振荡几次之后，还会缓和一段时间，再开始下一次新的振荡。平均来说，它们的振动周期大约为 5 分钟。因此，科学家们将太阳表面的这种振荡又称为 5 分钟振荡。

莱顿的发现，引起了世界各国的天文学家的高度重视和浓厚的兴趣。他们经过进一步观测发现，5 分钟振荡周期仅仅是太阳振荡的一种形式，在 7 分钟至 50 分钟之间还有好几种周期。1976 年，苏联天文学家发现太阳上面还有一种长达 160 分钟的振荡。后来，美国和法国的天文学家都证实了这一发现。

那么，太阳表面为什么会振荡呢？太阳的振荡现象究竟是怎样产生的呢？这些问题使天文学家们争论不休。目前，虽然天文学家们的看法还不统一，但有一种观点却为大多数人所认同。

这种观点认为：振荡虽然发生在太阳表面，但是其根源一定是来自太阳的内部。使太阳表面产生振荡的因素可能有三种，即气体压力、重力和磁力，由它们产生的波动分别称为“声波”、“重力波”和“磁力波”。这三种波动还可以两两结合，甚至可以三者合并在一起。就是这些错综复杂的波动，导致了太阳表面气势宏伟的振荡现象。天文学家们认为，太阳 5 分钟振荡可能是由于日心引力引起的重力波造成的。

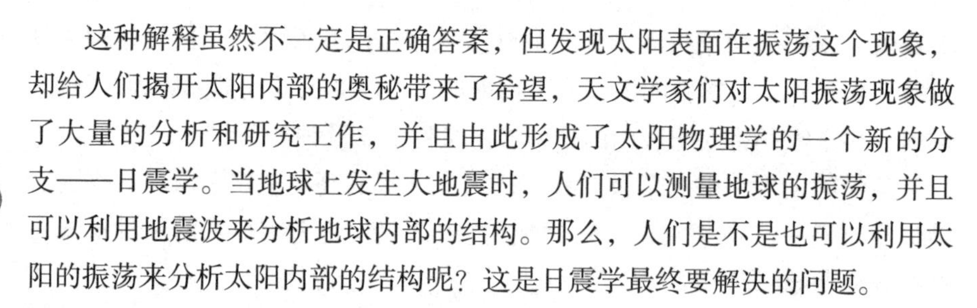

这种解释虽然不一定是正确答案，但发现太阳表面在振荡这个现象，却给人们揭开太阳内部的奥秘带来了希望，天文学家们对太阳振荡现象做了大量的分析和研究工作，并且由此形成了太阳物理学的一个新的分支——日震学。当地球上发生大地震时，人们可以测量地球的振荡，并且可以利用地震波来分析地球内部的结构。那么，人们是不是也可以利用太阳的振荡来分析太阳内部的结构呢？这是日震学最终要解决的问题。

20 太阳亮度的变化大不大

很多天文学家都是这样告诉人们，太阳是一颗稳定的恒星，它已经辉煌地照耀了50多亿年，在未来的大约50亿年内，它所发出的光和热仍然不会有明显的变化。

大量的观测数据也一再证明，太阳的辐射总量在相当长的时间内一直保持着稳定，因此可以确定一个太阳常量，即地球大气外距离太阳中心一个天文单位 (1.496×10^8 千米) 处，垂直于太阳光束方向的单位面积上，单位时间内接收到的所有波段的总辐射能量，通常用S表示。根据观测，目前的太阳常量为1.374千瓦/平方米。

太阳常量虽然是定义在地球大气外的物理量，但实际上人们都是在地面上进行太阳辐射测量，为了降低大气消光带来的误差，通常都是在大气稀薄的高山地带进行太阳辐射测量。美国史密森天体物理观测台于1902～1962年间坚持在高山地带进行太阳辐射的测量，所得出的结论是：在此期间太阳常数不存在着百分之零点几的长期或周期变化，也就是说太阳的亮度没有什么变化。

20世纪60年代以后，利用高空运载工具进行太阳辐射测量的工作逐渐增多，后来还发展到利用人造卫星和宇宙飞船进行测量，使精确度有所提高。根据美国加利福尼亚理工学院喷气推进实验室的研究结论，太阳常数在1969～1980年间的变化不超过±0.2%，即在测量精度之内没有变化。

然而，1980年2月至7月，美国发射的一颗人造卫星对太阳的总辐射量进行了153天的测量，却记录到两次较大的突然下降。第一次从4月4日开始，持续一周时间，总辐射量最大下降了0.15%。第二次发生在5月下旬，持续时间与第一次相近，总辐射量最大下降约0.1%。很多专家在得知这一结果后，不禁发出了“太阳是一颗闪烁不定的星球”的惊呼。

当然，即使太阳的总辐射量出现了这么大的下降，地球上的人类还是感觉不到太阳的亮度有什么变化。不过，天文学家却会认真地看待这一现象，他们要找出造成这种突然下降的原因。然而，就在这个问题上，他们出现了意见分歧。有的认为，这种现象有可能是仪器方面造成的，因而不值得大惊小怪。也有的认为，这是当时日面上出现的大黑子群遮挡了来自太阳内部的辐射能流，因而使太阳总辐射有所减弱。对于后一种解释，很快就有人提出疑问，在这个观测期间和其他日期，日面上都曾出现过较大的黑子群，但是并没有记录到总辐射量下降的情况。那么，原因究竟何在呢？天文学家们目前正在深入研究，以便早日揭开这个秘密。

21 日面上的“高原风暴”

在太阳黑子的周围，常常可以看到一大片比较明亮的斑点，它就是有着太阳上的“高原风暴”之称的光斑。

要说这光斑挺有意思，它在日面的中心区很少露面，却喜欢时不时地在日面的边缘区域进行“表演”。日面中心区的辐射属于光球层的较深气层，而边缘的光主要来源光球的上层。所以，光斑比太阳表面高些，可以算是光球层上的“高原”了。

光斑的亮度比宁静光球要略为亮一些，亮度相差大约10%。按照斯特藩定律，辐射强度和辐射体温度的四次方成正比。不难计算出，光斑的温度比光球层要高100 ~ 300摄氏度。

许多光斑常常环绕着太阳黑子，平均寿命约为15天，较大的光斑寿命可达3个月。而少部分与太阳黑子无关的光斑，出现在70度的高纬区域，活动面积比较小，平均寿命仅有半个小时的样子。

这里要提醒大家的是，上面谈到的仅仅是白光观测的结果。如果利用单色分光仪或者色球望远镜进行观察，就可以看到在单色太阳像上也有一片片的明亮区域。它们在日面上的位置与光斑是大致吻合的，因此称为色球光斑，也叫谱斑。

实际上，光斑与谱斑是同一个整体，只是因为它们的“住所”高度不同而已，这就好比是一幢楼房，光斑住在楼下，谱斑住在楼上。

需要指出的是，谱斑是太阳上最强烈的风暴——耀斑——的活动园地。当然，光斑也是太阳上的一种强烈风暴，只不过它与乌云翻滚、大雨滂沱、狂风卷地的地面风暴相比，性格要温和得多。

22 惊天动地的耀斑

1859年9月1日，这在世界太阳研究史上是一个值得纪念的日子。在这一天，人类破天荒地第一次看见了太阳上最强烈的，也是对地球影响最大的活动现象——耀斑。那一天，有两位英国的天文学家分别用高倍望远镜观察太阳。他们同时在一大群形态复杂的黑子群附近，看到了一大片新月形的明亮闪光。这闪光发射出耀眼的光芒，它们以每秒100多千米的速度掠过黑子群，然后亮度缓慢减弱，直至消失。由于这次耀斑特别强大，在白光中也可以见到，所以又叫“白光耀斑”。

耀斑发生在光球之上、日冕之下的太阳大气的中间层，人们把这个部分叫做色球。当耀斑出现时，先是一个亮斑，接着其亮度迅速增大，有时在数十秒钟到一二十分钟内就能释放出相当于整个太阳在一秒钟内辐射出的总能量。一个特大耀斑释放的总能量高达10^{26}焦耳，相当于100亿颗百万吨级氢弹爆炸的总能量，所以有人又把它称为色球爆发或太阳爆发。

耀斑的寿命通常只有几分钟，个别耀斑的寿命长达几小时。除此之外，它还有一个显著特征，就是辐射的种类繁多，不仅有可见光，还有射电波、紫外线、红外线、X射线和伽马射线以及各种波长的电磁辐射，可以说是应有尽有。这些令人眼花缭乱的辐射，在一刹那间倾泻而出，浩浩荡荡，煞是壮观。它们到达地球之后，就会兴风作浪，严重干扰电离层对电波的吸收和反射作用，使得部分或全部短波无线电波被吸收掉，短波衰弱甚至完全中断，高纬度地区频频出现极光。对于正在太空遨游的宇航员来说，耀斑更是致命的威胁。

人们发现，耀斑通常出现在太阳大黑子和黑子群上空，这说明两者之间是有联系的。有一种观点认为，太阳黑子是太阳上某个区域温度降低而形成的。如果这个观点是正确的，那么耀斑就应该是吸收了黑子传送出来的大量能量后形成的，所以才会有惊人的爆发。

人们又发现，在耀斑发生前后，它附近的局部磁场会有所改变，这说明磁场与耀斑之间也有某种关系。可是根据天文学家们获得的大量资料，一般在耀斑爆发前，它附近的磁场并没有发生显著的变化，这似乎又说明磁场并不是产生耀斑的主要原因。

面对着这两种互相矛盾的说法，人们不禁感到有些茫然。如果说耀斑与磁场无关，那么它巨大的能量是从哪里来的？如果说耀斑与磁场有关，那么磁场又是怎样积累能量的呢？即使人们找到了耀斑的能量来源，新的疑问又会冒出来：它为什么一下子就把那么多能量释放出来了呢？此外，耀斑所释放出来的各种辐射，彼此之间的性质有很大差别，但它们却能同时迸发出来，这也不大好解释。

由于耀斑有一系列神奇难解的特征以及对地球的巨大影响，耀斑已成为当代太阳研究的主题之一。

23 日冕的温度令人难以想象

根据一般科学常识，热能只可能从温度高的物体传递到温度低的物体，而不能从温度低的物体传递到温度高的物体，因而离热源越远的物体，温度也就越低。但在自然界里却有例外的情况。日冕是太阳最外层的大气，可它的温度却高于光球，即人们所看到的太阳表面。

太阳中心的温度至少在 1500 万 ~ 2000 万摄氏度以上，光球层的温度大约是 5.7 万摄氏度，太阳表面温度不超过 6000 摄氏度，而在厚约 500 千米的光球层顶部，即光球与色球的交界处，温度大约为 4600 摄氏度。从这向外，越往外温度不是逐渐降低，而是逐渐上升，在光球之上约 2000 余千米处的色球顶部，温度竟达到了几万摄氏度。从此进入色球与日冕层的过渡区，厚度虽然只有 1000 千米左右，但温度却急剧地上升到几十万摄氏度，再往上达到日冕部分，温度达到百万摄氏度以上，个别区域竟达到好几百万摄氏度，这简直令人难以想象。

日冕温度能有这么高吗？许多人对此有疑问，但天文学者们运用了光谱分析、射电观测等手段去进行检验，结果却证明了日冕高温是无可辩驳的事实。

这种反常的增温现象究竟是怎么回事呢？从20世纪40年代开始，科学家们就一直在努力探索，试图揭开这其中的奥秘。在很长一段时间里，“声波加热机制”理论得到了大多数科学家的认同。

这种理论认为，在光球下面的对流层内，由于大量气体的对流运动而发生了很大的波动，其中包括声波。声波在外传过程中，把能量也带到了光球层，并继续向色球、日冕层传去。可是，越往外太阳大气也就越稀薄，而依靠物质振动进行传播的声波，因其传播条件越来越差而只得放慢速度直至最终停止。可以做这样一个比喻：声波就好像是一列满载热能的火车，沿途都要往下卸热能，在到达“日冕站”时，发现前面无路可走，就只得把剩下的热能一股脑地就地卸下。这样日积月累下去，日冕的温度就上升到了百万摄氏度以上。

20世纪80年代初，很多科学家在对上述学说进行了大量探讨和理论分析之后，倾向于放弃“声波加热机制”学说。此后又有人提出了“磁场加热机制学说”和“激波加热机制学说”，但是这两种学说还是不能令人信服地解释日冕高温之谜。

目前，科学家们对日冕高温现象原因揭示的研究还处于开始阶段。究竟日冕的温度为什么会那么高，这是太阳物理学中的一个重要课题。要想提出一种完善的而又合乎科学的理论，大概还需要一段相当长的时间，这也许是21世纪人类要解答的重要天文学问题之一。

24 日冕上有“洞”

日冕是在日全食时人们经常看到的天文现象。它颜色淡雅，白里透蓝，美丽而逗人喜爱。日冕的形状随太阳活动的强弱而有很大的变化：太阳活动峰年时，日冕大致是圆形，像个宽宽的光晕裹在太阳周围；太阳活动谷年时，日冕在太阳两极地区呈现为羽毛状的光芒，而在赤道附近则拉得很长。日冕一般分为两层：内冕，大致延伸到离太阳表面约0.3个太阳半径处；

外冕，可以一直伸展到好几个太阳半径处，甚至更远一些。

不管日冕看起来是什么模样，它各处的亮度几乎相差无几。可是如果对它进行X射线拍摄，那么照片上的情况就与人们肉眼所见到的形象大不一样了。人们可以看到，在日冕中经常有大片的暗黑区域，其一般形状是长条形的，很不规则，在天文学上，这叫做“冕洞”。

最初发现冕洞的是瑞士天文学家瓦尔德迈尔。1950年，他通过地面观测首次发现了这一现象。1964年，人们才利用X射线设备在高空首次拍摄到了冕洞照片。

天文学家经过研究认识到，冕洞确实可以说是“空洞洞”的，在这些“洞”的下面，是完全没有X射线的光球层。冕洞并不像人们原先想象的那样处在太阳活动区，相反却处在宁静区。冕洞的温度和密度都比日冕的其他部分要低得多。冕洞还是太阳磁场开放的区域，那里的磁力线向外张开，这样，带电粒子就可以自由地沿着磁力线从太阳内部跑出来。这就是天文学上所说的“太阳风”现象，冕洞自然就是太阳风的风口了。

冕洞的发现和被证实，解决了一个多年以来悬而未决的科学疑问。许多年来，科学家们就注意到，由太阳引起的磁暴具有明显的周期性，周期约27天，与太阳赤道部分的自转周期相当，人们自然认为它与太阳有关。可令人们纳闷的是，当这类磁暴发生时，太阳表面上往往并没有显著的活动区。那么，这种现象该由太阳表面上的哪一部分负责呢？这个问题得不到解决，科学家们只能把引起磁暴重复出现的有关区域叫做“M区”，M是英文“神秘”一词的开头字母，“M区”的意思就是“神秘的区域”。1976年，科学家终于证实，一直被寻找的M区，就是太阳赤道上的冕洞。这样，M区、冕洞、太阳风之间的关系，大体上就已经弄清楚了。

现在，关于冕洞的所有物理特性，人们并没有完全搞清楚。冕洞是怎样形成的呢？科学家们还没有提出相关理论。关于冕洞的研究，乃至关于日冕的研究，其历史也只有短短几十年的时间。这个领域将是今后天文学家们大显身手的广阔天地。

25 鲜红的火舌

天文学家们说：用色球望远镜看太阳 Hα 单色像，容易发现日面边缘外面常常有伸到日冕中的活动体，这就是日珥。如果把太阳看做是一大团熊熊燃烧的火球，日珥就是冒出来的火舌。在 Hα 单色像上，这种鲜红的火舌，衬托在蔚蓝色的天空背景下，显得十分壮丽美观。

日珥的形状可说是千姿百态，有的如浮云烟雾，有的似飞瀑喷泉，有的好似一弯拱桥，也有的酷似团团草丛，还有的形如圆环或篱笆，以及核弹爆炸以后形成的蘑菇云。一次完整的日珥过程一般为几十分钟。就运动状态来讲，不少日珥是由色球向日冕喷射的，但更多的日珥是在日冕中凝聚而成，并以“天女散花”的姿态向下溅落；有时一个日珥向另一个日珥喷射物质。凡此种种，都被天文学家们认为是等离子体在复杂磁场中的运动所造成的。

天文学家根据形态变化规模的大小和变化速度的快慢将日珥分成宁静

日珥、活动日珥和爆发日珥三大类。

宁静日珥的特点是常沿着磁场中性线排列。当它们受到耀斑波等的扰动时，几分钟内就突然消失，然后经过半小时至几小时逐渐恢复原状。

活动日珥分为同耀斑有关的和无关的两类，同耀斑有关的一类又分为突然消失型和质量抛射型。其中质量抛射型日珥是从耀斑中抛射出来的高速等离子体云，这种激烈的抛射现象常伴随有爆震波，因此也同耀斑的射电Ⅱ型爆发和Ⅳ型爆发有关。

最为壮观的要属爆发日珥，本来宁静或活动的日珥，有时会突然“怒火冲天”，把气体物质拼命往上抛射，然后回转着返回太阳表面，形成一个环状，所以它又被称为环状日珥。

天文学家通过研究日珥的谱线，已经弄清楚日珥的温度接近1万摄氏度，大团气体的不规则运动速度约为每秒5千米。

让天文学家们感到困惑的是，日珥大部分出现在日冕中。日冕热极了，温度高达一二百万摄氏度，而日珥不过1万摄氏度。这两种物质真如水火不相容，但是竟然能够长期并存。一般认为，这是由于磁场的隔热作用。磁力线有如透明的铜墙铁壁，把日珥团团包围起来，使得日冕的强大热流射不进去。当然，问题并不是这样简单的。因为许多日珥并不是从太阳大气低层喷射上去的，而是直接在日冕中“冷凝”出来的。还有一些日珥会在日冕中突然消失，就像一束干草在烈火中一下子被烧光那样。这些富有戏剧性的突变现象，给太阳物理的研究提供了有趣而深奥的题材。

天文学家们认为，最难理解的是，在几乎空无一物的日冕中往往会突然浮现出日珥。计算结果表明，日冕的全部物质都不够凝聚成为几个大的日珥。因此，日珥的物质可能主要是来自色球。目前最流行的日珥形成理论认为，日珥出现在日冕磁力线的马鞍形凹陷处，如果由于某种原因，磁力线局部陷下，这时与磁场“冻结”在一起的色球物质沿着磁力线运动，会有一部分陷入“磁坑”里边，于是就形成了日珥。当然，这个理论是否正确，还有待于实践的检验。

26 引人注目的日食

在丰富多彩的天文现象中，最为引人注目的当数日食。日食又被叫做日蚀，它和月食一样，是光在天体中沿直线传播的典型例证。

日食共分为日偏食、日全食和日环食等类型。

为什么会有日食呢？简单地讲，就是月球运行到地球和太阳之间，把太阳光给挡住了。但是，月亮运行到太阳和地球中间并不是每次都发生日食，发生日食需要满足两个条件：其一，日食通常发生在朔日（农历初一）。其二，月球运行的轨道（白道）和太阳运行的轨道（黄道）并不在一个平面上，白道平面和黄道平面有5度9秒的夹角。如果太阳和月球都移到白道和黄道的交点附近，太阳离交点处有一定的角度（日食限），就能发生日食。

世界上的事物都是有规律性的，日食也不例外。天文学家正是在掌握了日食的规律性以后，计算出的日食出现的时间和地点。奥地利有一位名字叫奥泊耳兹的天文学家，在1887年时出版了一部《日月食典》，这是他耗费了20多年心血，辛勤推算写就的著作，概括了从公元前1207年至公元2161年，这3000多年内全部日食和月食的完整资料，其中日食正好是8000次，而月食有5200多次。还有的天文学家经过研究得出了这样的结论：平均来说，每个世纪会有66次日全食、84次日偏食、77次日环食和11次全环食发生。

2008年8月1日，在我国境内自新疆阿勒泰经哈密、酒泉、西安至郑州一线出现日全食，开始时间为北京时间18时20分左右，持续时间约2分钟。这是21世纪首次发生在我国境内的日全食天象。

虽然现在还没有任何证据证明日食的发生对人类健康以及地球生物有影响，但是有些科学家认为，日食的发生会造成能见度下降、气温降低、湿度上升，在沙漠地区表现得最为明显，对于交通运输、生产作业、通信安全等也有一定的影响。

27 日食的几种类型

日食主要有日全食、日偏食和日环食等类型。

月球的影可以分为本影、半影和伪本影三部分。当太阳、地球和月球这三个天体接近一条直线时，月球影锥投射在地面上。在本影范围内，太阳完全被月球遮蔽住了，在本影扫过的区域内就会看到日全食。在半影扫过的区域内，太阳只是被月球遮蔽住了一部分，就会出现日偏食。而有时当太阳、地球和月球这三个天体几乎在一条直线上时，月球影锥不能够直接投射在地面上，于是在月球影锥的延长线与地面相交的范围内可以看见日环食。

在日食的几种类型中，最宏伟瑰丽的，当数日全食了。

日全食的全过程分为初亏、食既、食甚、生光和复圆等五个阶段。在一个晴朗的白昼，灿烂的太阳忽然被一个阴影给遮蔽了。起初这个阴影很小，侵入日面的边缘（这叫做初亏），之后，阴影迅速扩大，成为了一个暗黑的圆盘，遮掉了大部分的日面（这叫做食既）。这时的太阳变成了一个弯弯的“新月”，天空也暗淡了下来，好像进入了黄昏时分。当阴影完全把日面遮盖（这叫做食甚）时，太阳的光芒突然全部消失了。就见日轮的边缘闪现出了珍

珠似的小亮点，这就是以法国天文学家贝利的名字命名的贝利珠。贝利珠存在的时间极其短暂，大约只有一秒钟左右。紧接着，火红的色球就出现了，它过了10秒钟左右也消失了。“夜”幕开始笼罩大地，繁星出现在“夜”空，在太阳原来的位置附近，一大片日冕放射出秀丽悦目的光辉。飞禽走兽以为夜晚到了，纷纷返回了自己的洞穴。不过这个夜晚顶多持续七八分钟的样子就结束了，光明又取代了黑暗，在阳光刚露面（这叫做生光）的一刹那，在上次相反的方向上又会出现贝利珠和色球，这时的贝利珠将汇成一段圆弧。人们此时可以再次看见新月形状的太阳。随着阴影的渐渐离开，太阳的发光面积愈来愈大，最后终于恢复了它的本来面目（这叫做复圆），大地又沐浴在阳光之中。一次日全食的过程也就宣告结束了。

日环食与日全食原理类似，发生时太阳的中心部分黑暗，边缘仍然明亮，形成光环。这是因为月球在太阳和地球之间，但是距离地球较远，不能完全遮住太阳的缘故。发生日环食时，物体的投影有时会交错重叠，它的过程也分为初亏、食既、食甚、生光和复圆等五个阶段。从天文观测角度看，日环食可观测的现象比日全食要少很多，因为太阳光还没有被完全遮蔽，色球、日冕和贝利珠等很多现象都很难观测到，但在环食阶段，尤其是在食甚的时候，太阳的中心部分黑暗，边缘仍然明亮，变成了一个金光闪烁的圆环，这一景象同样令人深感视觉震撼。

日偏食是最常见的日食现象，因为不论是日全食还是日环食，在日全（环）食带以外的绝大部分地区以及日全（环）食带内从初亏后到复圆前的绝大部分时间，所见到的都是日偏食，而更多的日食中月影本影或其延长线并不经过地面，只是月影外侧的半影经过地面，在地面上就只能看到日偏食了。

日偏食的过程，与日全食和日环食不同，它只有初亏、食甚和复圆等三个过程，没有食既和生光。

无论是日全食，还是日环食、日偏食，发生的时间都是很短的。在地球上能够看到日食的地区也很有限，这是因为月球比较小，它的本影也比较小，因而本影在地球上扫过的范围不广，时间不长。

还有这样的一种情况，沿着日食带观察，起先看见了环食，接着又出现了全食，最后又看见了环食，也就是说日全食和日环食这两种现象同时出现，只不过各个地区看到的食象不一样。这种现象被叫做全环食或混合食。

全环食发生的概率极小。它只发生在地球表面与月球本影尖端非常接近，或月球与地球表面的距离和月本影的长度很接近的情形下。

古人眼中的日食

在古人的眼睛里，太阳是不可侵犯的神灵。日食现象致使太阳突然被一个“魔影”所吞噬，明朗的天空刹那间变成漆黑一团，这个非常的事件在古时候自然会引起人们的极大恐惧。由于当时缺乏科学知识，再加之宗教的引导，以致人们在很长的时间里都误以为日食预示着“凶兆”，有的甚至认为这是魔鬼即将降临世间的信号。所以，当日食出现后，人们都要采取“救日”行动。比如击鼓呼号、朝天空射箭，以驱赶恶神。其中印第安人向天空发射的是带火焰的箭，意图为点燃太阳。还有的地方用物或人进行祭祀，祷告上天赦罪。

在世界各国的一些古老传说里，都提到日食是怪物正在吞食太阳。古斯堪的纳维亚人认为日食是天狼食日；古越南人说食日的妖怪是只大青蛙；古阿根廷人说食日的是只美洲虎。在古埃及的神话中，日食的发生是因为一只想在天庭称霸的秃鹰企图夺走太阳神的光芒。而在印加人的神话中，天空有只能通过甩尾巴来呼风唤雨的猫，而日食和月食正是这只神猫发怒的表现。

世界文明古国中无论是巴比伦、埃及，还是中国，对日食的观测和预报都极为重视。一般认为，世界上最早的日食记录是我国《尚书·胤征》中记载的那次日食事件。说的是仲康时代(公元前21世纪左右)有两个掌天地四时的官，一个叫羲，另外一个叫和，他俩疏于职守，不仅没有预测到日食的日期，而且在那次日食发生时，正喝得烂醉。按当时政典，两人都被处死了。国内外许多研究者对这次日食作过探讨，由于对这条记录的真伪和内容解释有不同的看法，同时也涉及中国上古年代学中悬而未决的问题，因此还没有公认的结论。

但是甲骨文中的日食记录却是被公认的。公元前1217年5月26日，居住在我国安阳的人们，正在从事着各种各样的正常活动，突然发现天空的太阳产生了缺口，光色也暗淡下来。但是，没有多久又开始复原了。人们把这件事情刻在了一片甲骨上。

在巴比伦和尼涅维亚的废墟中所得的陶土器皿和断裂的石碑上，有6次古代日食的记载。其中最早的一次发生于公元前911年。

从我国汉墓中曾经出土过许多刻画着日月星辰图形的石头，其中有一块画有“日月合璧”，即太阳与月亮叠在一起。

我国古代对日食的科学解释为阴侵阳，我们的祖先很早就知道视为“阴”的月亮，遮蔽了视为“阳”的太阳，而造成日食现象。我国最早的诗歌总集《诗经》中有这样一句话：“十月之交，朔日辛卯，日有食之。”这说明当时有的人已经知道日食是发生在朔日。西汉时有个名字叫刘向的学者讲：“日食者，月往蔽之”，清楚地指出日食产生的原因。东汉的学者王充在他的著作《论衡》中议论道：“食有常数，不在政治”，指出了日食有它的客观规律，不以人们的意志所转移。这些都是难能可贵的正确认识。

我国在公元前2300多年时就有了当时最先进的天文观象台，各个朝代也都非常重视日食的预报。

历史上日食曾经酿成许多悲剧，但也曾经扑灭过战火，使无数百姓免于涂炭。古代西方在这方面最有名的故事，是公元前585年5月28日，米提斯与利比亚这两个部落的军队正在爱琴海的东岸展开厮杀，忽然间日全食发生了，双方将士都认为是触犯了神灵，是上天在示警，于是纷纷放下了武器，签署了和约。还有1451年6月28日，正当美洲印第安人的两个部落因为纠纷而剑拔弩张时，日全食发生了，大家感到这是上天神灵动怒了，于是立刻罢兵，握手言和了。

29 日食成为科学研究的对象

随着社会的进步，科学战胜了迷信，智慧消灭了愚昧，日食成为科学研究的对象。在17世纪和18世纪，日食观测还只局限于天体力学的范畴，也就是说利用日面和月面接触的时刻，来校正月球的星历表。到19世纪中叶，由于光学、光谱学和照相技术的应用，日食研究开始进入天体物理的领域，并取得了辉煌的成功，例如在1868年8月18日的日全食观测中，法国的天文学家让·桑拍摄了日饵的光谱，发现了一种新的元素——氦，这个元素一直过了二十多年之后，才由英国的化学家拉姆塞在地球上找到。

科学史上有许多重大的天文学和物理学发现是利用日全食的机会作出的，而且只有通过这种机会才行。其中最著名的例子就是爱因斯坦的广义相对论。1915年，爱因斯坦发表了在当时极为难懂，也极为难以置信的广义相对论，该理论预言光线在巨大的引力场中会拐弯。人类能接触到的最强的引力场就是太阳，可是太阳本身发出很强的光，远处的微弱星光在经过太阳附近时是不是拐弯了，根本看不出来。但如果发生日全食，挡住太阳光，就可以测量出来光线拐没拐弯、拐了多大的弯。机会在1919年出现了，日全食带是在遥远的南大西洋上。英国天文学家爱丁顿带着一支热情和好奇心极强的观测队出发了。他们观测的结果与爱因斯坦事先计算的结果十

分吻合，相对论从此得到了世人的承认。

人类总是不断发展的，自然界也总是不断发展的，永远不会停止在一个水平上。因此，人类总是不断地总结经验，有所发现，有所发明，有所创造，有所前进。进入 20 世纪 50 年代以后，人类观测日食的内容不断扩充，手段也在不断改善，从地面观测发展到高空甚至地球大气外观测，并使用飞机、气球、火箭、人造卫星等手段。

1973 年 6 月 30 日，在非洲发生了一次日食，当时法国的天文学家乘坐“协和”式喷气飞机追赶月球影锥，竟然使得全食时间延长到 74 分钟！这在日食观测史上是一个空前的创举。

1975 年 7 月 15 日，美国“阿波罗号”和苏联“联盟号”宇宙飞船对接，其后“阿波罗号”飞船模拟月球，挡住太阳的光芒，由“联盟号”上的宇航员进行“日全食”的观测。

那么，科学家们如此不辞辛苦地观测日食，究竟是为了什么呢?

首先，观测日食（特别是日全食）是人们认识太阳的极好机会。平时人们所见到的太阳，只是它的光球部分，光球外面的太阳大气的两个重要的层次——色球层和日冕，都淹没在光球的明亮光辉之中。好不容易等到了一次日全食，在漆黑的天空背景上，红色的色球和银白色的日冕相继显现。抓住这珍贵的时机，进行拍摄，从而研究有关太阳的物理状态和化学组成。

其次，日食为提高射电观测的空间分辨率创造了良好的条件。一般的射电观测有一个致命的弱点，就是空间分辨率太低。当日食出现的时候，月球逐渐掩盖了太阳上边的所有活动区，然后再依次把它们显露出来。如果把其空间位置与射电流量变化对应起来分析的话，实质上等于使用大的射电望远镜作高分辨率观测。

另外，日食可以为研究太阳和地球的关系提供良好的机会。太阳和地球有着极为密切的关系。当太阳上产生强烈的活动时，它所发出的远紫外线、X 射线、微粒辐射等都会增强，能使地球的磁场、电离层发生扰动，并产生一系列的地球物理效应，如磁暴、极光扰动、短波通讯中断等。在日全食时，由于月亮逐渐遮掩日面上的各种辐射源，从而引起各种地球物理现象发生变化，因此日全食时进行各种有关的地球物理效应的观测和研究具有一定的实际意义，并且已成为日全食观察研究中的重要内容之一。

还有，观测和研究日全食，有助于研究有关天文、物理方面的许多课题，利用日全食的机会，可以寻找近日星和水星轨道以内的行星，可以测定星光从太阳附近通过时的弯曲，从而检验广义相对论，并研究引力的性质等等。

正是由于日全食时可以取得平时无法得到的观测资料，因此，日全食观测已越来越引起众多科学部门的兴趣和重视。每次日全食发生时，都会有一些国家组织专门的观测队伍，不辞辛劳，长途跋涉，奔赴日全食带现场进行观测研究，期望能够得到宝贵的资料。

太阳系的行星

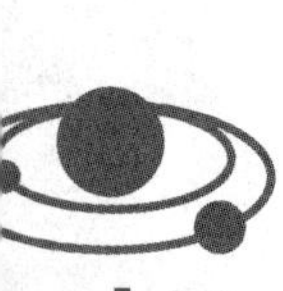

1 行星的概念和分类

“行星”一词起源于古希腊语，意思是漫游者。

如何定义“行星”这一概念在天文学上一直是个备受争议的问题。一般来说，行星的直径必须在800千米以上，质量必须在5亿亿吨以上。

国际天文学联合会大会2006年8月24日通过的“行星”新定义，主要强调了以下三点：

（1）必须是围绕恒星运转的天体；

（2）质量必须足够大，它自身的吸引力必须和自转速度平衡，使其呈圆球状；

（3）必须清除轨道附近区域，公转轨道范围内不能有比其更大的天体。

按照这一定义，目前太阳系内有8颗行星，分别是：水星、金星、地球、火星、木星、土星、天王星、海王星。

在天文学界里，将行星分成了三种类型，即类地行星、巨行星和远日行星。

顾名思义，类地行星的许多特性与地球相接近，如离太阳相对较近，质量和半径都较小，平均密度较大，表面都有一层硅酸盐类岩石组成的坚硬壳层，有着类似地球或月球的各种地貌特征。

巨行星是行星世界的巨人，拥有着浓密的大气层，但是在大气之下却并没有坚实的表面，而是一片沸腾着的氢组成的“汪洋大海”。所以，有的天文学家建议巨行星应该改叫液态行星才对。

远日行星是指那些距离太阳非常遥远的行星。

在太阳系的八大行星中，水星、金星、地球和火星为类地行星，木星和土星为巨行星，而天王星和海王星为远日行星。

那么，太阳系的八大行星是如何排序的呢？按照与太阳的距离，由近至远依次为水星、金星、地球、火星、木星、土星、天王星、海王星。

2 行星的产生

行星是如何产生的？天文学界目前还没有定论。

以前，在天文学界曾经流传着许许多多的说法，其中比较权威的“星云假说”认为：在太阳系形成初期，99% 以上的物质向中心聚合成为太阳，那些散在四周的物质碎片围绕着太阳旋转，经过很长一段时间的碰撞和引力作用，它们逐渐聚合成为若干行星。

后来，有的天文学家提出：行星是由银河系中央的特大质量黑洞喷射出来的。他们还推测出这种特大质量黑洞的质量是太阳的 360 万倍。

在 20 世纪 80 年代末，美国的一些天文学家们公布了最新研究结果，他们认为，不仅银河系中央的特大质量黑洞能够喷射出行星来，那些质量大约只有太阳 10 倍的小型黑洞也能够超速喷射出行星。而且，喷射的数量比特大质量黑洞要多得多。

他们指出，银河系中央至少有 25000 个小型黑洞围绕在特大质量黑洞附近。当某些小型黑洞将行星喷射出来时，会进一步地靠近特大质量黑洞。特大质量黑洞喷射行星的速度大约为 1200 千米 / 秒，而小型黑洞喷射行星的速度大约可达到 2000 千米 / 秒。

这些天文学家的观点是否正确呢？尚需要进一步的论证。

3 八大行星和它们的天然卫星

天然卫星指的是那些环绕行星运转的星球。现在，天文学家已经掌握的天然卫星，包括构成行星环的较大的碎块，有近 200 颗。

在太阳系的八大行星中，除了水星和金星两个以外，其他 6 个行星都有天然卫星。本来人们曾认为金星是有一颗卫星的，即金卫一，它是以埃及女神尼斯的名字命名的。它的首次发现是由法国天文学家卡西尼在 1672 年完成的。但是当天文学家们对尼斯的零星观察持续到 1982 年时，对它的“身份”起了“疑心”，认为它不符合卫星的“标准”，这样金星就彻底成为“孤家寡人”。

拥有天然卫星数目最多的是木星，到 2009 年时已经确认的就有 63 颗，其中 52 颗有了正式的名称。木星的卫星大都是由宙斯一生中所接触过的人来命名。

土星的卫星数目仅次于木星，为 50 颗，已经有名字的有 34 颗。其中有 9 颗是于 1900 年以前发现的，另外 41 颗是 1900 年以后陆续发现的。土卫六是目前发现的太阳系卫星中唯一有大气存在的卫星。

天王星目前有 29 颗卫星。这些卫星的名称都出自莎士比亚和蒲伯的歌剧中，其中第一颗和第二颗是由威廉·赫歇耳在 1787 年 3 月 13 日发现的。

海王星现有 13 颗天然卫星。其中最大的，也是唯一拥有足够质量成为球体的是海卫一，它是在1846年海王星被发现17天后由威廉·拉塞尔“顺手牵羊”收获的。它与其他大型卫星不同，运行于逆行轨道。它是太阳系中最冷的天体之一，温度为 –235 摄氏度。形状不规则的海卫二于 1949 年被发现，它的轨道是太阳系中离心率最大的卫星轨道之一。

火星有 2 颗小型的近地面卫星，它们都是在 1877 年 8 月时，由阿萨夫·霍尔于美国海军天文台发现的。它们分别被用希腊神话中的人物命名，一个叫福博斯 (即火卫一)，另一个为德莫斯 (即火卫二)。

地球只有一颗卫星，它就是月球。它的直径约 3476 千米，是地球直径的 3/11。体积只有地球体积的 1/49，质量约 7350 亿亿吨，相当于地球质量的 1/81。月面的重力差不多相当于地球重力的 1/6。

戴着光环的行星

在太阳系中，土星被誉为美丽的天体，它戴着的光环曾被认为是不可思议的奇迹。科学家经过大量研究发现，在太阳系的行星中，不仅土星戴着光环，木星、天王星和海王星也是戴着光环的。

在这 4 颗戴着光环的行星中，土星的光环最为壮观和美丽。历史上首先发现土星光环的是意大利天文学家伽利略。1610 年，伽利略用刚刚发明不久的天文望远镜观测土星，发现它的侧面仿佛有一些什么东西。遗憾的是，直到他去世，也没有弄清楚那些东西究竟是什么玩意儿。

1655 年，荷兰天文学家惠更斯终于搞清了土星光环形状不断变化的原因：那是因为它以不同的角度朝向我们。当人们恰好从它的侧面看去时，薄薄的光环就仿佛隐去不见了。土星光环可以细分为几个环带，中间夹着暗黑的环缝。

1977 年 3 月 10 日，包括中国在内的许多国家的天文学家，各自观测到了一次罕见的天文现象——天王星掩恒星。观测的结果使科学家们大为惊奇：在天王星遮掩恒星之前，人们已经先观测到一组“掩”；在天王星

本体掩星之后，又发生了另一组类似的“掩”。造成这些“掩”的，原来是围绕着天王星的一些“光环”。这些环都极细，而且彼此都离得较远。1986 年 1 月，美国发射的“旅行者 2 号”宇宙飞船飞越天王星时，又发现了几个新的环带。现在已经知道天王星至少有 10 道环。

“旅行者 1 号”是 1977 年 9 月发射的。1979 年 3 月初，它从离木星大约 27.5 万千米处掠过这颗巨大的行星，发现木星也有一群细细的环。木星环厚约 30 千米，总宽度超过 6000 千米，光环与木星的中心距离约 12.8 万千米。

1989 年 8 月，“旅行者 2 号”宇宙飞船飞越海王星时，证实了海王星也有光环。

科学家们经过观测研究后发现，行星的光环主要是由无数的小碎块组成的。碎块的大小可以用米做单位来量度。每个碎块仿佛都是一颗小小的卫星，在自己的轨道上绕着主行星运行不息。

那么，这些行星的光环究竟是怎样形成的呢？

早在 1850 年，法国数学家洛希就推断出，由行星引力产生的起潮力能瓦解一颗行星，或瓦解一颗进入其引力范围的过往天体，还能够阻止靠近行星运转的物质结合成一个较大的天体。目前所知道的行星环就是位于这个理论范围内，其边界被称为洛希极限，是一个重力稳定性的区域。据此，科学家们对行星环的成因进行了三种推测：第一，由于卫星进入行星的洛希极限内，从而被行星的起潮力所瓦解；第二，位于洛希极限内的一个或多个较大的星体，被流星撞击成碎片而形成光环；第三，太阳系演化初期残留下来的某些原始物质，因为在洛希极限内绕太阳公转，而无法凝集成卫星，最终形成了光环。

不过，对于光环的成因，科学家们目前还只能进行猜测而已。更令他们疑惑不解的问题是那些窄环的存在，因为根据常规，天体碰撞、大气阻力和太阳辐射都会对窄环造成破坏，使它在空间中消散。那么，究竟是什么物质保护着窄环使其存在呢？一些学者提出，一定有一些人们尚未观测到的小卫星位于窄环的边缘，它们的万有引力使窄环得以形成并受到保护。这种观点被后来的天文发现所证实，因为人们在土星和天王星的窄环中，都发现了两颗体积很小的伴随卫星，它们的复杂运动相互作用，使光环内的物质运动也缺乏规律性，也许这正是不同的行星环具有不同形态的原因。

与此同时，人们还提出了另外一个有趣的问题：为什么土星、木星、天王星、海王星有光环，而水星、金星、地球和火星却没有光环呢？

对于神奇的行星光环，科学家们仍然不断提出新的推测和假说。然而，随着天文新发现的增多，行星光环反而显得更加神秘莫测了。

话说水星

行星名片

名字：水星

英文名：Mercury

排位：1

直径：4879.4 千米

自转周期：58.65 地球日

公转周期：87.97 地球日

卫星数：0

水星概况

人类认识水星的时间比较早，在公元前 3000 年的苏美尔时代，人们就发现了它。我国古人称水星为辰星；在罗马神话中水星叫莫丘利，这是一个商业、竞技、交通之神；古希腊人赋予水星两个神话中人物的名字：当它初现于清晨时被称为太阳神阿波罗，而当它闪烁于夜空时则被称为赫耳墨斯。

水星在太阳系的八大行星中离太阳最近，平均距离为 5791 万千米，近日点距太阳仅 4600 万千米。在太阳的烘烤下，其向阳面的温度最高时可达 440 摄氏度，但背阳面的夜间温度可降到 –170 摄氏度，昼夜温差近 600 摄氏度。同时，水星还是太阳系的八大行星中个头最小的，它的半径为 2440 千米，连地球半径的 40% 都不到，甚至比木星的两颗卫星（木卫

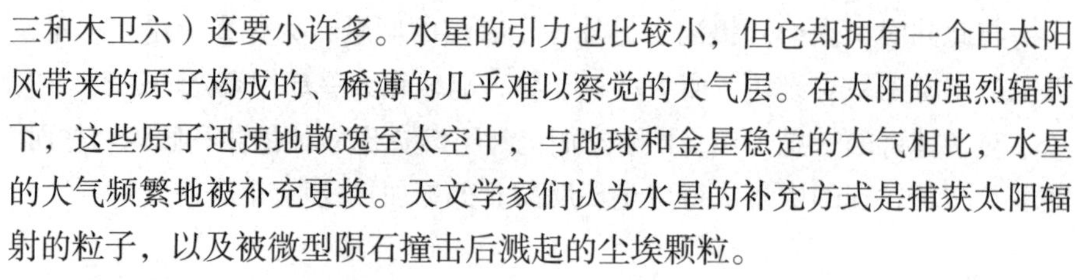

三和木卫六）还要小许多。水星的引力也比较小，但它却拥有一个由太阳风带来的原子构成的、稀薄的几乎难以察觉的大气层。在太阳的强烈辐射下，这些原子迅速地散逸至太空中，与地球和金星稳定的大气相比，水星的大气频繁地被补充更换。天文学家们认为水星的补充方式是捕获太阳辐射的粒子，以及被微型陨石撞击后溅起的尘埃颗粒。

水星是太阳系中目前唯一已知的公转周期与自转周期共动比率不是1∶1的天体。它在行星当中是跑得最快的一个，轨道速度每秒达48千米，比地球的轨道速度快18千米，这样快的速度，只用15分钟就能环绕地球一周。

水星的自转方向和公转方向相同。这是天文学界早已经认定的。但是它的自转周期曾是一个谜。1814年，德国天文学家塞耳宣称测出了水星的自转周期是24小时52秒。75年后，意大利的斯基帕雷利测出了水星的自转周期为87.97个地球日。按照当时的著名天文学家小达尔文的推断，在太阳的强大引力下，水星的自转周期等于公转的周期。

1965年，美国天文学家佩斯吉尔和戴斯利用阿雷西博天文望远镜，准确地测定出水星的自转周期为58.646日，是公转周期的2/3，这就彻底推翻了以往的错误结论。根据这个发现，人们可以知道，水星在用88个地球日绕太阳一周后，其本身自转一圈半。也就是说，它公转两圈后，自转了三圈，这叫自转—公转耦合现象。由于这种现象，水星“一年”的时间等于它“一天半”的时间。

由于和太阳之间的视角距离不大，水星总是像太阳的贴身奴仆一样，淹没在耀眼的阳光之中，人们可观测的最佳时间十分有限，几乎都集中在清晨太阳出来的前几分钟和夕阳落下后的几分钟。而且，在背景亮度尚高的情况下，要去找一颗比月亮大不了多少的水星，实在不是一件轻松的事。天文学家哥白尼临终前就曾为没有见过水星而感叹。

也是由于水星距离太阳实在太近了，表面温度非常高的缘故，太空船不易接近。迄今，靠近过水星的探测器只有美国的“水手10号”和“信使号”。

两个独特现象

水星岁差进动和水星凌日是水星的两个独特的现象。

水星的轨道偏离正圆程度很大，它绕太阳一周为87.97天，同时它的轨道还在绕着太阳慢慢地移动，这个现象被称为“水星岁差进动”，又叫做“水星近日点轨道进动”。

所谓岁差，是指春分点沿黄道向西缓慢运行，约25800年运行一周，使回归年比恒星年短的现象。岁差分日月岁差和行星岁差两种，前者是由月球和太阳的引力产生的地轴进动引起的，后者是由行星引力产生的黄道面变动引起的。根据牛顿的万有引力计算，水星轨道如此缓慢的移动绕太阳一圈需要244068年，而实际上却是225784年，两者每年相差43弧秒。

这43弧秒虽然很短，但在天文学家看来却是极大的误差，一定有什么因素在其中起作用。在爱因斯坦之前，有人认为水星的岁差进动是因为有一颗尚未发现的内行星的引力在起作用，也可能还有另外一些尚不知道的现象在起作用。然而爱因斯坦却认为，太阳的引力并不直接吸引水星，而是使周围的空间变弯，太阳就像是一只放在橡皮平板上的球，只能使附近的行星朝着太阳的方向往里跌。那43弧秒的差异就是这样来的。

爱因斯坦用广义相对论解释了水星的异常现象，在当时使得人们对广义相对论更加信服。可是在过了几十年后，却有人对此提出了疑问。爱因斯坦的计算有一个前提，那就是假设太阳是绝对的正球形。然而美国亚利桑那大学太阳物理学家希尔等人却断定，太阳的两极呈扁平状，依据这一前提重新进行计算，这一扁平度对43弧秒的差距只起1.5%的作用。

这1.5%的作用看上去也许微不足道，但因为广义相对论十分精确，因而就更使人产生了疑问：或者是亚利桑那大学的物理学家们计算有误；或者是爱因斯坦的设想有误，至少需要做某种修改；要不然就是他们双方都正确。很显然，在上述疑问还没有得到澄清之前，争论还将持续。

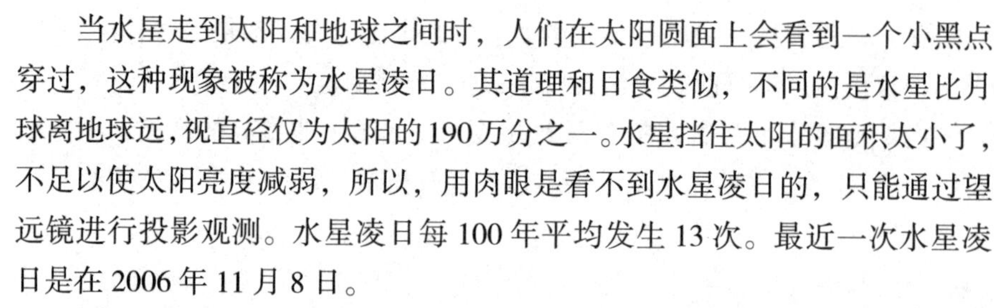

当水星走到太阳和地球之间时，人们在太阳圆面上会看到一个小黑点穿过，这种现象被称为水星凌日。其道理和日食类似，不同的是水星比月球离地球远，视直径仅为太阳的190万分之一。水星挡住太阳的面积太小了，不足以使太阳亮度减弱，所以，用肉眼是看不到水星凌日的，只能通过望远镜进行投影观测。水星凌日每100年平均发生13次。最近一次水星凌日是在2006年11月8日。

在人类历史上，第一次预告水星凌日的是“行星运动三大定律”的发现者、德国天文学家开普勒。他在1629年时预言：1631年11月7日将发生稀奇天象——水星凌日。当日，法国天文学家加桑迪在巴黎亲眼目睹有个小黑点（水星）在日面上由东向西徐徐移动。

有待于继续寻找的水

一说到水星这个名字，很多人就会想到，它的上边一定会有水，但实际情况却不是这样。在太阳系诸多行星中，水星得到太阳的能量最多，每时每刻都受到炙烤，白天表面温度高达440摄氏度，黑夜降到-170摄氏度。在这样的地方，水是根本不存在的。1974年和1975年相继发射的宇宙探测器，在对水星进行探查后也证明了水星无水。

然而，这个已经形成定论的观点却遭到了挑战，波多黎各国立天文和电离层研究中心及美国喷气推进实验室的科学家提出，水星上可能有以冰的形式存在的水源。他们在对从水星表面反射回来的雷达波进行分析时发现，水星极地部分有着较强的反射波，这表明那儿很可能存在着大面积的冰块。这些可能存在冰块的地区有20多个，宽度约为14.5千米，长度最大为120千米，恰好在水星环

形山的位置。这些科学家认为，水星南北极部分接受的日照较少，而环形山口内又终年不见阳光，亿万年来一直保持着低温，水分不至于蒸发，于是这些冰就保存下来了。

如果以上推论是正确的话，那么就不能说水星上无水，在它形成和演化过程中，说不定还真的存在过液态水。由此看来，叫它水星并不是完全名不副实。但推论毕竟是推论，还有待于证实。

与月球相似的地貌

在分析研究了“水手 10 号”的探测结果以后，天文学家们觉得没有板块运动的水星，外貌与月球很相似。它也有许多大小不一的裂谷、盆地和环形山，辐射纹、陨石坑也大都是十分古老的。

水星上最大的地貌特征之一是 Caloris 盆地，它的直径约为 1300 千米，酷似月球上最大的盆地 Maria。人们认为它很有可能形成于太阳系早期的大碰撞中。

水星表面上到处可以看见一些不深的扇形峭壁，它们被称为“舌状悬崖”，其高度普遍为 1 ~ 2 米，长几千米。这种独特的地势是怎样形成的呢？有天文学家猜测，这是由于水星巨大的内核变冷和收缩，使外壳形成了巨大的皱褶。这种推测很富有想象力，但目前尚缺乏证据。

当然，水星也有相对平坦的平原，它们有些也许是古代火山运动的结果，但另一些大概是陨石碰撞沉积的结果。

“水手 10 号”探测器的数据提供了一些近期水星上火山活动的初步迹象，但人们需要更多的资料来确认。令人惊讶的是，水星北极点（一处未被“水手 10 号”勘测的区域）的雷达扫描显示出在一些陨石坑的被完好保护的隐蔽处存在冰的迹象。

水星的密度为 5.43 克 / 立方厘米，是太阳系中仅次于地球，密度第二大的天体。由此，天文学家们推测水星的外壳是由硅酸盐构成的，其中心有个比月球大得多的铁质内核。这个核球的主要成分是铁、镍和硅酸盐。根据这样的结构，水星应含铁 20000 亿亿吨，按目前世界钢的年产量（约 12 亿吨）计算，可以开采 1600 多亿年！

水星的磁场

水星有没有磁场？在20世纪70年代以前还是一个谜。人们一直认为，那么小的一个天体大概是不会有磁场的。直到1973年11月，第一个前往水星的探测器、美国的"水手10号"发射成功，才终于解开了水星磁场之谜。

"水手10号"先后3次从水星上空飞过，在它的既定考察任务中，有一项就是探明水星究竟有没有磁场。它第一次飞越水星时，最近时距水星只有720多千米。在照相机拍摄水星地貌的同时，磁强计仪器意外地探测到水星似乎存在一个很弱的磁场，而且可能是跟地球磁场那样有着两个磁极的偶极磁场。但是，磁场的存在必须得到进一步的证实，这就要等待到"水手10号"与水星的另一次接近。

"水手10号"第二次飞越水星时，距表面最近时在48000千米左右，对水星磁场没有发现什么新的情况。

为了取得包括磁场在内的更加精确的观测资料，地面指挥系统对"水手10号"的轨道作了校准，使它第三次飞越水星时离表面只有327千米，而且更接近水星北极。观测结果是十分令人鼓舞的：水星确实有一个偶极磁场。水星磁场从最初发现到完全证实，刚好是一年时间。

天文学家们对"水手10号"获得的资料进行了深入的研究和分析，认为水星有一个基本上与自转轴平行的偶极磁场，强度大致是地球的1%，两极处略微强些，约0.007高斯。与地球磁场相比，水星磁场强度不算高，更不要说与其他强磁场行星——木星和土星——相比了。但是，除了这3颗行星之外，在太阳系的其余行星中，水星还是可以称得上是有较强磁场的一颗行星。

水星磁场与地球磁场还有一点很相像的地方，那就是磁轴北磁极和南磁极之间的连线与自转轴并不重合，两者互相交错而形成一个夹角，水星的这个角度是12度，而地球则是11度多。

那么，水星磁场是怎么形成的呢？

有天文学家认为，在水星形成的早期阶段，它的液态核心还没有凝固，水星磁场就是在那个时候产生的，并一直保留到现在。这种观点遭到许多人的反对，认为根本是不可能的。主要理由是：在过去的几十亿年当中，由于放射性元素产生热能，或者其他像陨星袭击等原因，使得水星内部相应部位的温度上升到物质丧失磁性所必需的最低温度之上，从而使残留下来的磁场完全消失。所以，即使当时保留了部分磁场，现在也早已消失了。还有人认为，水星与太阳风持续不断地相互作用，也许会由此而产生磁场。对这种主张的研究结果表明，相互作用虽然会由感应而产生磁场，但不可能产生与自转轴基本平行的对称性磁场。

看来，水星磁场是由某种人们现在还没有想到或还不理解的原因造成的，还是个难解的谜。

认识金星

行星名片

名字：金星
英文名：Venus
排位：2
直径：12104 千米
自转周期：243 地球日
公转周期：225 地球日
卫星数：0

金星概况

金星在八大行星中是距离太阳第二近，距离地球第一近的行星。它是全天中除太阳和月球外最亮的星，亮度为 -3.3 至 -4.4 等，比著名的天狼星还要亮。

金星属于内层行星，从地球用望远镜观察它的话，会发现它有位相变化。伽利略对此现象的观察是赞成哥白尼的太阳中心说的重要证据。

金星和水星一样，是太阳系中仅有的两个没有天然卫星的大行星。本来，它以前是有过一个卫星（即金卫一）的。这就是由法国天文学家卡西尼在 1672 年时发现的那个叫尼斯的卫星。不过，由于天文学家们对尼斯

的零星观察一直持续到 1982 年，结果发现实际上是其他昏暗的星体在恰好的时间出现在了恰好的位置上。这样，就取消了其卫星的身份，金星于是便成了“孤家寡人”。

金星是人们认识比较早，且备受关注的行星。在我国古代，金星被称为太白，它早上出现在东方时又叫做启明星、晓星和明星等，傍晚出现在西方时又叫做长庚星和黄昏星。由于它非常明亮，最能引起人们的幻想，所以有关它的传说也特别多。

人类对太阳系行星的空间探测首先是从金星开始的，苏联和美国从 20 世纪 60 年代起，就对揭开金星的秘密倾注了极大的热情。

第一艘访问金星的飞行器是美国在 1962 年 8 月 27 日发射的“水手 2 号”飞船，它于同年 12 月 14 日到达金星附近，成功地测量到了许多数据。

第一个到达金星实地考察的人类使者是苏联在 1970 年 8 月 17 日发射的“金星 7 号”飞船，它于同年 12 月 15 日到达金星表面。

第一对成为环绕金星的人造卫星是苏联分别于 1975 年 6 月 8 日和 14 日发射的“金星 9 号”和“金星 10 号”，它们先后于同年 10 月 22 日和 25 日进入不同的金星轨道。

迄今为止，人类发往金星或路过金星的各种探测器已经超过 40 个，获得了大量的有关金星的科学资料，撩开了金星神秘的面纱。

金星上的迷雾

在金星的周围有一层很浓的气体，这种气体挡住了人们的视线，使人们一直看不清金星的本来面目。

天文学家们通过长期观察和研究发现，金星周围的这层气体云雾有很强的反射日光的本领，可以把75%以上的光线反射出来，而且对蓝光的反射能力弱，对红光的反射能力强。可是，这层云雾到底是由什么组成的呢？

很久以前，有人这样猜测：金星周围的这层云雾和地球上的云雾是不一样的，它很可能就是一些灰尘，远远望去，就像是一团迷雾一样。

这层迷雾真的就是灰尘吗？1932年，天文学家们否定了这一观点。因为他们从金星光谱里发现，在金星的大气中，含有比地球大气含量多一万倍的二氧化碳气体。所以，有的天文学家猜测，这层迷雾是由二氧化碳被太阳的紫外线照射以后变成的二氧化三碳构成的。

30多年后，几位天文学家发现金星的大气里含有大量的水蒸气，因此他们猜测，金星上的这层迷雾，是由水蒸气构成的。

1978年12月，美国天文学家把两个专门研究金星的航天器送上了金星。结果测出金星大气的主要成分是二氧化碳。另外，还发现金星北极周围有个暗色云带，很可能是一种卷云。

形同神异的“姐妹”

金星与地球毗邻，两者最近时为4100万千米，其直径比地球小约4%，质量轻20%，密度低10%。地形和地球相类似，也有山脉一样的地势和辽阔的平原，存在着火山和巨大的峡谷，当然也有极少量的陨石坑。关于金星的内部结构，还没有直接的资料，从理论推算金星的内部可能与地球是相似的：半径约3000千米的地核和由熔岩构成的地幔组成了金星的绝大部分。根据来自“麦哲伦号”探测器的最近的数据可以推测出，金星没有像地球那样的可移动的板块构造，但是却有大量的有规律的火山喷发遍布金星表面。

金星由于在这么多的方面很像地球，所以它获得了地球的“孪生姊妹”的美称。

曾经有人推测，金星的化学成分和表面的物理状况与地球极其相似，金星上发现生命的可能性甚至比火星还要大。

然而，随着天文观测资料的增多，人们越来越发现，金星只是在外观上与地球有几分相像，而在实质上不过是一对形同神异的“姐妹”。

金星周围有浓密的大气和云层。大气中，二氧化碳最多，占97%以上。

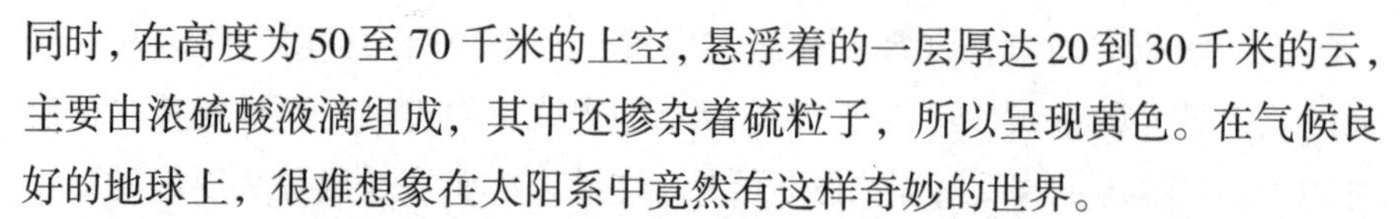

同时，在高度为50至70千米的上空，悬浮着的一层厚达20到30千米的云，主要由浓硫酸液滴组成，其中还掺杂着硫粒子，所以呈现黄色。在气候良好的地球上，很难想象在太阳系中竟然有这样奇妙的世界。

金星表面温度高达465至485摄氏度，大气压约为地球的90倍，相当于地球900米深海中的压力。

一些天文学家曾估计金星和地球一样，也应该有磁场。可是环绕金星飞行的探测器和在金星表面成功着陆的探测器，都没有发现哪怕是极其微弱的磁场。要知道，这些探测器上所携带的磁场计都非常灵敏，即使金星磁场的强度只有地球的万分之一或再少一些，也会被察觉到。为什么金星上没有磁场呢？至今是个未解之谜。

在20世纪60年代以前，人们普遍认为金星的自转周期大概比地球慢不了多少。对于这两个相差不大的天体来说，这种估计应该是正确的。可是后来却发现，金星的自转要比地球慢得多，地球自转了243圈，它才能自转一圈。为什么它的自转速度这么慢呢？这个疑问也没有人能解释清楚。

金星的自转方向也与地球以及其他行星截然不同。太阳系里的八大行星都是按逆时针方向绕着太阳转动，金星也不例外，但是在自转方向上，唯有金星是按顺时针方向自转的，其他行星都是按逆时针方向自转。因此，在金星上看日出日落，其方向恰好同地球上相反。

另外，金星自转周期又与它的轨道周期同步，所以当它与地球达到最近点时，金星朝地球的一面总是固定的。这是不是共鸣效果或只是一个巧合就不得而知了。

还有，金星绕太阳公转的轨道是一个很接近正圆的椭圆形，偏差不超过1度，且与黄道面接近重合，其公转速度约为每秒35千米，公转周期为225天。但其自转周期却为243天，也就是说，金星自转“一天”比它的“一年”还长。

有天文学家说，金星存在于地球附近的太阳系空间里，不管它有多少与地球相似的地方，都是正常现象。相似的地方越多，越能证明它们有着相同的形成与演化历史。而实际情况却是它与地球有着这么多差异，这就不能不使人感到奇怪：这样一颗行星是怎样形成的呢？

火山遍布

从金星空间探测器拍摄的照片中可以看出，金星是太阳系中拥有火山数量最多的行星。火山遍布是它的一大景观。在金星的表面，至少85%的区域覆盖着火山岩。从火山中喷出的熔岩流产生了长长的沟渠，范围大至几百千米，其中最长的一条超过7000千米。

金星的火山造型各异。最普遍的是盾状火山，此外还有许多复杂的火山特征和特殊的火山构造。这些火山分布零散，并不像地球上的火山链。这说明金星没有活跃的板块构造。

比起地球上的盾状火山，金星的盾状火山显得更加平坦。大部分中心有喷射孔。最大的盾状火山，直径达700千米，高度为5.5千米。

种种迹象表明，金星火山的喷发形式较为单一。凝固熔岩层显示，大部分金星火山喷发时，只是流出熔岩流，没有剧烈爆发和喷射火山灰的迹象，甚至熔岩也不似地球熔岩那般黏稠。天文学家们认为，由于大气高压，发生爆炸性的火山喷发，熔岩中需要有大量的气体成分。在地球上，促使熔岩剧烈喷发的主要气体是水汽，而金星上缺乏水分子。另外，地球上绝大部分黏质熔岩流和火山灰喷发都发生在板块消亡地带。缺乏板块消亡带，也大大减少了金星火山猛烈爆发的概率。

金星上有过海吗

苏联的一些天文学家们曾经推测，大约40亿年前金星上有过汪洋大海。

对此，美国天文学家波拉克·詹姆斯发表了自己的观点。他认为，金星上确实存在过大海，后来因为某种原因消失了。在分析金星上大海消失的原因时，他提出了以下四种可能性：

第一种可能性是，太阳光将金星上的水蒸气分解为氢和氧，氢气因重量轻而大量逃离金星。

第二种可能性是，在金星演化早期，它的内部曾大量散发出一氧化碳那样的还原气体，由于这些气体与水的相互作用，把水分消耗掉了。

第三种可能性是，由于金星上大量的火山爆发，大海被炽热的岩浆烤干了。

第四种可能性是，金星海洋里的水来自金星内部，后来这些海水又重新循环回到金星地表之下。

一些天文学家认为，波拉克·詹姆斯的这四种可能性听起来都有一些道理，但是都不具备充足的说服力。这些可能性也曾出现在地球上，可是地球上的海洋为什么没有消失呢？

针对以上疑问，美国密执安大学的学者多纳休等人又提出了新的看法。他们认为，在太阳系形成初期，太阳不像现在这样亮和热，太阳每秒的辐射热量要比现在少30%，如果那时候你到金星上去，就会看到万顷波涛。后来，太阳异常地热了起来，加上金星的自转特别慢，一天等于地球上的243天，在烈日长时间的烤晒下，金星的大海一片热气腾腾。大量水蒸气升到空中，阻碍了金星表面热量的散发，从而使金星的温度进一步升高。后来，连“囚禁”在碳酸盐岩石中的二氧化碳气体也被释放出来，它们和水蒸气一起升入低空，组成厚厚的一道云层，完全把金星包裹了起来。当温度上升到上千摄氏度时，金星上变成了一片“火海”，水蒸气再次被太阳光分解成氢和氧，氢气逃入太空，一去不返，而氧气则葬身在金星上的“火海”之中。最后，金星就变成了一个永远干旱高温的世界。

也有一部分科学家感到，不能用金星的现状来推断它过去肯定存在过古海。美国衣阿华大学的学者弗兰克认为，金星根本就不曾存在过大海，金星大气层中的少量水分并不是从古海中蒸发出来的，而是几十亿年来不断进入金星大气层的彗星核送来的。

总之，关于金星的海的问题，天文学界目前仍然在探讨之中。

金星凌日

当金星运行到太阳和地球之间时，人们可以看到在太阳表面有一个小黑点慢慢穿过，天文学上把这种天象称为“金星凌日”。

天文学中，往往把相隔时间最短的两次“金星凌日”现象分为一组。这种现象的出现规律通常是8年、121.5年，8年、105.5年，以此循环。据天文学家测算，最近一组金星凌日的时间为2004年6月8日和2012年6月6日。这主要是由于金星围绕太阳运转13圈后，正好与围绕太阳运转8圈的地球再次互相靠近，并处于地球与太阳之间，这段时间相当于地球上的8年。

17世纪，英国天文学家哈雷曾经提出，金星凌日时，在地球上两个不同地点同时测定金星穿越太阳表面所需的时间，由此算出太阳的视差，可以得出准确的日地距离。可惜，哈雷本人活了86岁，从未遇上过一次金星凌日。

在哈雷提出他的观测方法后，曾出现过数次金星凌日，每一次都受到天文学家们的极大重视。他们不远千里，奔赴最佳观测地点，从而取得了一些重大发现。1761年5月26日金星凌日时，俄罗斯天文学家罗蒙诺索夫就一举发现了金星大气。

19世纪，天文学家利用先进的科学手段，通过金星凌日搜集到大量数据，成功地测量出日地平均距离是1.496亿千米（称为一个天文单位）。

7 火星风采

行星名片

名字：火星

英文名：Mars

排位：4

直径：6794千米

自转周期：24小时37分

公转周期：687地球日

卫星数：2

火星概况

火星是太阳系由内往外数的第四颗行星，属于类地行星。它是继金星后第二颗亮星，在晴朗的夜空里，闪烁着橘红色的光芒，激起了人们的无限遐想。

火星在史前时代就已经为人类所知。那时观测火星和观测其他天体一样，大都是为了占星。在我国古代的五行中，火星象征着火，被叫做“荧惑”，这是由于它呈红色，荧光像火，亮度常有变化，而且在天空中运动，有时从西向东，有时又从东向西，情况复杂，令人迷惑的缘故。火星在罗马神话中，代表战神马尔斯。在希腊神话中，是尚武精神的化身阿瑞斯。

17 世纪之后，人类为了科学目的而观测火星的活动全面展开。开普勒探索行星运动定律时就依据了第谷积累的大量而精密的火星观测资料。望远镜发明后，人们对火星可以进行更进一步的观测。第一个使用望远镜观测星空的伽利略所见的火星只是一个橘红小点。随着望远镜的发展，观测者开始辨别到一些明暗特征。惠更斯依此测出火星自转周期约为 24.6 小时，他也是首次记录火星南极冠的人。意大利人斯加帕雷里整合各家说法，绘制出了一张比较可信的火星地图。

历史进入 20 世纪 60 年代时，卫星和探测器的应用，加快了太空观察的步伐。有人做过统计，从 1960 年 10 月苏联人向火星发射第一颗卫星开始到 2007 年，先后由苏联（俄罗斯）、美国、日本和欧洲太空局向火星发射了 39 颗（个）卫星或探测器。结果，成功 12 次，失败 27 次。其中，苏联进行了 18 次，只成功了 1 次。日本、俄罗斯和欧洲太空局各进行了 1 次，结果都失败了。美国进行了 18 次，成功 11 次，失败 7 次，是成绩最好的。

人类为探索火星的奥秘，可以说付出了巨大的代价。“水手 4 号”火星探测器在 1965 年获得的第一次成功，“火星探路者号”在 1997 年实现的第一次登陆，推开了火星封闭的大门，使人类看到了它的真实面目。

火星的轨道是椭圆形的，火星的自转周期为 24 小时 37 分，围绕太阳公转一周则需要 687 天，是地球上近两年的时间。

火星的大气层比地球稀薄，主要成分是二氧化碳。同时还有少量的云层和晨雾。因为大气层很薄，在火星上没有温室效应。在接受太阳照射的地方，近日点和远日点之间的温差将近 30 摄氏度。冬天时由于温度太低，大气中的二氧化碳会冻结，在 50 千米高的地方形成云，到了春天便消失。

名人堂

“怪才”第谷

第谷·布拉赫（1546～1601年）出生于丹麦的一个贵族家庭。13岁时他进入了哥本哈根大学读书。14岁时他根据预报观察到一次日食，从此对天文学产生了兴趣。16岁时他按照父亲的意愿转到德国的莱比锡大学攻读法律，但是全部的业余时间都被他用来研究天文学。17岁时他写出了自己的第一份天文观测报告《木星和土星》，记载了木星、土星和太阳在一条直线上的情况。17岁时他进入德国的罗斯托克大学天文学系学习，从此开始了毕生的天文研究工作。

第谷在1572年11月11日观测了仙后座的新星爆发。他前后16个月的详细观察和记载，取得了惊人的成果，彻底动摇了亚里士多德的天体不变的学说，开辟了天文学发展的新领域。

1576年，在丹麦国王弗里德里希二世的建议下，第谷在丹麦与瑞典间的赫芬岛开始建立“观天堡”。这是世界上最早的大型天文台，设置了四个观象台、一个图书馆、一个实验室和一个印刷厂，配备了齐全的仪器，耗资黄金1吨多。直到1579年，一直在这里工作的第谷取得了一系列重要成果，创制了大量先进的天文仪器，其中最著名的是在1577年通过对两颗明亮的彗星的观察，得出了彗星比月亮远许多倍的结论，这一重要结论对于帮助人们正确认识天文现象产生了很大影响。

第谷所作的观测精度之高，是他同时代的人望尘莫及的。第谷编制的一部恒星表相当准确，至今仍然有价值。但他的宇宙观却是错误的，他不接受任何地动的思想，他认为所有行星都绕太阳运动，而太

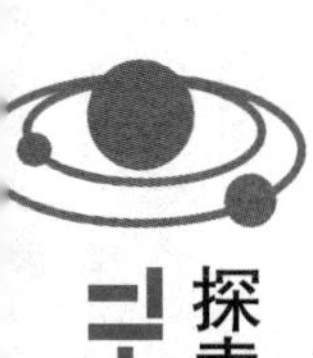

阳率领众行星绕地球运动。

第谷的脾气非常古怪，总念念不忘自己是一个丹麦贵族，他竟遵照古礼穿着朝服进行天文观察。他对自己的下属极其粗暴，并和每个人进行斗争。在他19岁那年，曾为了争论数学上的某个论点，愚蠢地与人在夜里进行了一场决斗，结果他的鼻子被割掉，以致他大半生都是装着一个金属的假鼻子。尽管第谷摆出一副目中无人的贵族架势，但他却全然不顾家庭的反对，坚定地爱上了一名农家姑娘并与之成婚，而且后来相处得一直很好。

1599年丹麦国王弗里德里希二世死后，第谷移居布拉格，建立了新的天文台。第谷在1600年与开普勒相遇，邀请他作为自己的助手。次年，第谷逝世，开普勒接手了他的工作，并继承了他的宫廷数学家的职务。第谷的大量极为精确的天文观测资料，为开普勒的工作创造了条件，他的遗作经开普勒整理，编成《鲁道夫天文表》于1627年出版，成为当时最精确的天文表。

夏天时由于日照强烈，地面温度很高，地面附近的大气因受热而产生强劲的上升气流，会将地面的灰尘往上卷，因此火星上常可看到大规模的沙尘暴。

尽管火星比地球小得多，但它的表面积却相当于地球表面的陆地面积。火星具有各种有趣的地形，其中不乏一些壮观的地形：火星的北半球有许多由凝固的火山熔岩所形成的大平原，南半球有许多环形山与大的撞击盆地，还有许多峡谷和分岔的河床。另外，还有几个大的、已熄灭的火山，如奥林帕斯山，它是太阳系最高的山，高出地面24千米，几乎是地球上最高峰珠穆朗玛峰的3倍。

火星有两个小型的近地面卫星，即火卫一和火卫二，均发现于1877年。火卫一名为福博斯，火卫二名为德莫斯。

火星的颜色

在行星当中，红色的火星很是引人注意。早在古罗马时代，人们就对它的颜色作出了推测，许多人认为火星上的红色是因为上面有战士流的血和生锈的盔甲。

19 世纪初，有些天文学家认为火星在春季时极冠会融化，可能使地面裸露出来，这样就使火星显得比另外一些时间更红一些。不过，这只是推测而已。

为了科学地认识火星，1971 年，美国的“水手 9 号”探测器向火星飞去，拍摄了大量照片。从这些照片上看，火星上是一片赤红色的不毛之地。然而，光凭这些照片也回答不了火星呈红色的原因，于是天文学家们就把注意力转向了火星的土壤。他们推测，火星土壤中大概含有大量粉红色的长石矿，这是一种地球上没有的化合物，并将这种假想中的化合物取名为“亚氧化碳”。

1976 年，“海盗号”探测器的登陆舱在火星表面降落，它用自动化机械铲把火星上的砂石送进化验器，并把分析结果带回了地球，但是仍没有得出什么结论。曾分析研究过“海盗号”带回来的火星土壤标本的学者克拉克说，火星上曾有过一些铁的氧化物或铁生锈的过程。火星土壤具有磁性，因此，火星的土壤过去应含有颜色发黑的磁铁矿。

人们把克拉克提出的这个理论叫做“生锈理论”。在克拉克看来，火星大气氧化了土壤中的铁矿石，所以现在的火星表面呈红色。可是，火星上却有一个克拉克解释不了的现象，那就是为什么火星土壤变成深红色后会具有磁性而地球上的富铁矿石却不带磁性。

还有一种理论认为，火星尘粒内外都是红色的。这是美国的两位学者哈里拉维斯和莫斯科维茨的观点。他们认为，火星表面由另一种富铁矿组成。“海盗号”收集到的资料表明，火星表面很可能存在着这种物质，但是由此而来就出现了一个疑问：地球上也有这种矿石，但既不带磁性，也不是红色的，而是黄绿色的，如果火星上有这种东西，怎么会是红色的呢？

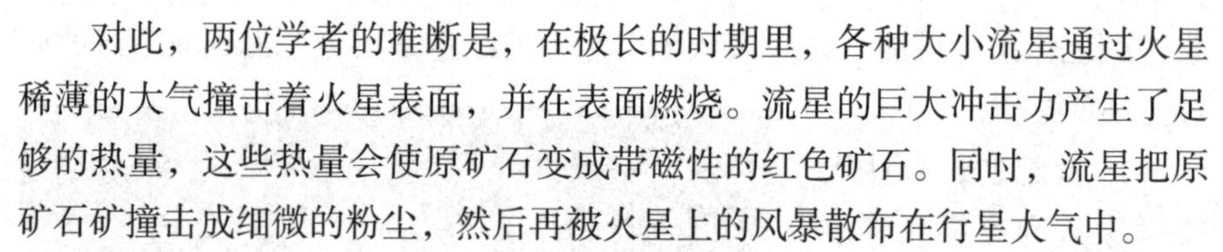

对此，两位学者的推断是，在极长的时期里，各种大小流星通过火星稀薄的大气撞击着火星表面，并在表面燃烧。流星的巨大冲击力产生了足够的热量，这些热量会使原矿石变成带磁性的红色矿石。同时，流星把原矿石矿撞击成细微的粉尘，然后再被火星上的风暴散布在行星大气中。

根据这个理论，他们两人利用地球上的这种矿石矿做实验。当加热到900摄氏度时，经过5分钟，地球上的这种矿石矿也变成了红色，而且也带有磁性。

从“水手9号”拍回的火星照片上可以看到，火星上边确实有许多陨石坑，都是流星撞击火星留下的痕迹，这就间接地支持了两位学者的理论。哈里拉维斯肯定地指出：“火星上的火山熔岩与一度存在于火星上的水相互作用，火星才形成了现在的地壳，流星和风最后使火星表面变成了红色。”

一些天文学家对他俩的推断持相反意见。他们认为，火星上的这种富铁矿的形成需要大量的水，而火星表面是–96摄氏度的冰冻状态，因此不大可能产生这种矿石。

目前，关于火星土壤颜色的争论和探索还在继续，火星的红色“面纱”仍然是一个未解之谜。

寻找火星生命

还是在18世纪时，就有天文学家把地球外可能存在生命的希望寄托在火星上。在两个多世纪的时间里，关于火星上存在生命的希望不断地得到一些“事实”的支持。

首先，人们从望远镜中发现火星的南北极都戴着洁白的“冰帽”，这叫做火星极冠。冬天极冠扩大，仿佛结了冰；夏天极冠缩小，好像冰雪融化了一样。如果真是这样的话，火星上就会有水有河流，那么就很可能有生命。

人们还发现，火星像地球一样有春夏秋冬四季，在春夏两季里，火星表面阴暗的区域变大，颜色由蓝绿到黄。有人猜测，这可能是由于火星上的植物生长、枯萎造成的。

1887年时，一位意大利天文学家声称，他在火星表面发现了一些类似运河一样的东西。有人由此推测说，这是火星人把水从两极地区运往荒漠地区而挖掘的河道。

18 世纪时，英国小说家斯威夫特在他的名著《格列佛游记》中，曾对火星的卫星有过这样的描写："……两颗较小的卫星在围绕着火星转动。靠近主星的一颗卫星距离主星中心距离为主星直径的 3 倍，外面的一颗与主星中心的距离为主星直径的 5 倍。前者 10 个小时运转一周，后者则需 21.5 个小时。因此，它们绕火星转动的周期平方根，差不多相当于它们距火星中心距离的立方根。由此可见，它们显然也受到影响其他天体的万有引力定律的支配。"

如此精确的科学资料，用一个小说家的肉眼和当时落后的透镜是根本看不到的。而这些精确的数字，又恰恰被现代天文学证明是正确的。因此，有人分析，小说家可能直接或间接地接触过"火星人"，这些资料是从他们那里获得的。

直到 20 世纪三四十年代，有人在收听到了不明真相的讯号时，首先想到的就是火星人在向地球人发出呼唤。

那么火星上到底存不存在生命呢？直到美国相继发射了几艘航天器，尤其是 1976 年发射的"海盗 1 号"和"海盗 2 号"在火星表面登陆，拍回了大量照片，得到了大量探测结果，才逐渐解开了这个谜：火星上空气极为稀薄，水蒸气只占 1%，比地球上的沙漠地区还要干燥 100 倍。在这样的条件下，不要说什么火星人，就连最低级的微生物也找不到。至于所谓的火星运河，实际上是排列成行的密密麻麻的环形山和陡峭的山岳。过去由于人的视觉错误，才把它当成了运河。

那么，火星上有没有原始生命呢？专家们却不敢贸然加以否定，因为从地球上已发现的生物来看，低级生命的耐受能力是极为惊人的。在温度高达 105 摄氏度的海洋涌流中，发现了一种耐热型微生物。对于轮虫和线虫来说，地层的严寒不足为惧，它们甚至可以在近于绝对零度 (–273.15 摄氏度) 的低温状态下进入冬眠。专家们还在 6500 米的深海海底发现了一种含有新型遗传基因的微生物。既然地球上的生命能够在极为恶劣的环境下生存下来，那么火星上的环境就不应该把所有的生命都扼杀掉。况且，科学家们经过分析后，认为在火星地表下面很可能储藏有水。既然有水，就给生命的存在提供了最有利的条件。

退一步讲，假设现在的火星上已经没有任何生命了，那么这个星球上是否有过生命的历史呢？从"水手 9 号"航天器发回的图片上，天文学家惊异地发现，火星表面上不仅有巨大的火山、深邃的峡谷，还有河床和三角洲，这显然是由早已干涸的河流冲刷而成的。

这个发现使很多人激动万分，既然火星上曾经有过河流，那么就很可能存在过生命。本来在地球人的议论中逐渐消失的“火星人”、“火星智能生物”、“火星文明”等说法，又被重新提出来加以讨论。

如果火星上过去有过生命，那么这种生命发展起来了吗？后来又到哪里去了呢？

有的学者作出了一个大胆的推测，火星很可能在千万年前就出现过高级文明，也许是由于某种大灾变或爆发了全面核战争，毁灭了火星上的生命，幸存的火星人只好搬到他们自己造的卫星上去了。应该说，这种分析并不是没有道理的。在太阳系中，只有火星的卫星不同于其他任何天然卫星。它们在火星上空沿圆形轨道运行；在太阳系中，只有它们是绕母星旋转速度超过母星的卫星；而且两颗星都在同一平面上旋转。但美国和苏联的天文学家对这两颗卫星进行了反复探测，结果表明，其中一颗卫星可能是一个空心的球体。空心球体绝不可能是天然卫星，那么它就有可能是火星人造的卫星。

有一些学者根据火星探测器提供的资料，对火星环境的演变过程进行了推测。他们认为：在三四十

亿年前，火星表面十分温暖，河湖密布，水流潺潺，那时火星非常适合生命存在，因此火星上存在生命的可能性很大。只不过在20亿年前，火星骤然降温，大气逐渐减少，水也大量蒸发，河湖干涸后形成了今天火星表面坎坷不平的河沟，存在的生命自然也就灭绝了。

有的学者在对一块火星陨石进行研究后发现，上边存在微量黄铁矿石，这种矿石中含有两种硫同位素——硫-32和硫-34。在地球上，一旦这两种矿石中有细菌活动或者其他生命迹象，其中硫-32和硫-34的比例就会发生变化。而火星陨石上的两种硫同位素的比例没有变化，他们因此认为火星上没有生命活动。

当人类发射的航天器在火星上登陆后，人们本来以为可以给火星上是否有生命存在这个问题画上句号，可是没有想到，关于这个问题的讨论不仅没有结束，反倒变得越来越复杂而神秘了。看来，在载人宇宙飞船登上火星，并寻找到确切的生命证据之前，所有猜测都不足以令人信服。

火星上的水

早在19世纪80年代，意大利的天文学家斯基帕雷利就宣称在火星上发现了“河流”。结果，引起了当时天文学界的极大震动，许多天文学家开始运用各种手段进行观测，力图证实火星上“河流”的存在。到了20世纪六七十年代，美国和苏联相继发射了火星探测器，通过观测表明：火星上缺乏维持生命所必需的水，所谓“河流”，只是一些颜色较暗的环形山。

这个问题好像已经有了确定的答案，但是过了十几年后，有些天文学家开始对火星进行重新观测。美国的一位天文学家又宣称：火星上并非一片干旱的荒漠世界，至少有两个地区存在着生命赖以存在的水蒸气。对此，美国地球物理联合会召集了许多学者，重新分析研究了宇宙探测器带回的火星的资料和照片之后，提出了三种新的见解。

第一种意见认为，现在的火星是一个严寒的世界，但是在其演化过程中，也有像现在地球一样的温暖时期，所以也会像地球一样有奔腾的河流。从这个意义上讲，过去火星表面确实有过河流。所以，传统上认为火星上覆盖的是干冰而不是水冰的概念就是错误的了。事实上，如同地球的两极一样，火星上也是泥沙与冰块层层叠叠，就像千层糕一样，这就是火星上多次发生的冰水滚滚向远处流去的一个证据。同地球一样，火星也会随着公转轨道的变化而出现冰期与间冰期交替作用的现象。当冰期结束时，冰层就会融化、蒸发，再通过降水的形式，形成河流。

第二种意见认为，火星不仅仅是两个地区有水蒸气，而是整个火星都是一个湿润的行星。原因在于火星上空的大气层所含的水蒸气要比原来估计的多得多，再加上火星表面的冰层，足可以使火星保持一定的湿度，这对于其他行星而言，是十分稀有而珍贵的。

第三种意见认为，火星上不但过去有过大量的汹涌澎湃的河流，而且如今依然存在着许多奔流不息的河流。只不过由于温度的原因，这些河流都深深地藏于地表下面，成为地下河。

对于这三种新的见解，人们的反应是：第三种推测看起来还是比较可信的，因为它还有充分的证据。既然火星表面覆盖的是水冰而不是干冰，那么在冰山的压力下，底层的冰就会不断融化，并流向温度较高的赤道地区，形成地下河。有时因为地质原因或者小行星的碰撞，会引起火星震动，就可以使地下河喷出地表，形成喷泉。在严寒的条件下，这些喷泉很快就会冻结，这样就形成了环形的冰山。

有的人甚至预言，将来人类可以在火星上建立实验站，并代表地球人去品尝火星水的滋味。

火星上的“大风暴”

火星是太阳系中诸多条件非常类似地球的一员。火星上有风、云、雾等气象变化，而且也会像地球一样，出现灾害性的天气——“大风暴”。

火星上的“大风暴”，实际上是狂风卷着尘粒的大尘暴。当这种大尘暴发生时，在地球上有时通过望远镜就能观测到。尘暴开始前，火星的天空上先有小小的黄色云块出现，然后云块逐渐聚集起来，几天之内就会由小变大，这说明风暴已经开始。几个星期之后，黄尘便覆盖住整个火星南半球，若继续发展就会殃及北半球。尘暴发展到高潮时，整个火星都被黄尘所笼罩。

1971 年，美国科学家研制的火星探测器“水手 9 号”飞往火星。探测器在到达火星上空时，尘暴正席卷着整个火星，厚厚的黄尘云遮盖着它，使得探测器无法看清它的表面。因而，拍摄火星地貌的工作只好暂时搁浅，直到 1972 年这场风暴平息后才继续进行。1976 年，探测器再度飞往火星，恰巧又碰上了这种天气。

大尘暴是火星所独有的天气现象。迄今为止，还没有发现太阳系里别的行星刮过这样的“风”。那么，为什么只有火星上才会出现这样的“大风暴”呢？

科学家一般认为，火星上的尘暴是这样形成的：开始时，这种大尘暴都发生在火星的南半球。当火星南半球夏至时，正好赶上火星过近日点，因而火星南半球就特别炎热，造成了那里空气的不稳定状态。又由于火星的大气十分干燥，空气的流动使得本来就飘浮着的尘粒和从火星表面上被风携带至空中的尘粒大聚会，从而飞沙走石漫天飞舞，随即尘暴开始形成。

当空中的尘粒不断地接收到来自太阳的热量时，加快了尘粒的上升速度，尘暴也就不断升级。这时风卷着尘粒铺天盖地滚滚而来，形成巨大的尘暴。如果尘粒的吸热作用使强有力的地面风也加入进来，尘暴就会刮得更加猛烈，越发不可收拾，从南半球一直蔓延到北半球，最后酿成了全火星的大尘暴。然而，也正是在尘暴分布到火星全球范围以后，各地温差减小，风就会逐渐平息下来，尘粒也会在空中慢慢地降回地面。

这种大尘暴大多发生在春末夏初之际，尘暴发展得激烈时，会持续达几个月之久。几乎差不多每个火星年，都会发生这样一次大规模的尘暴。

关于火星大尘暴形成的这种理论，虽然得到了大多数人的赞成，但也受到了一些人的质疑。火星上的“大风暴”究竟是怎样形成的呢？除上述的解释之外，还有没有其他的解释了呢？

奇特的洞穴

几年前，美国天文学家们根据“机遇号”火星探测器等提供的火星表面曾有水以及火星可能有地下水的线索，在借助“奥德赛”探测器作进一步寻找的过程中，意外地发现了一些奇特的洞穴。经过对拍摄的图片辨认分析，这种奇特的洞穴在火星表面有7处，它们分布在阿尔西亚火山的侧面，洞口宽度在100~252米之间。由于基本观测不到洞底，只能估算出这些洞至少有80~130米深。

世界天文学界认为，这些洞穴的发现具有重要意义。首先，如果火星上曾有原始生命形式存在，这些洞穴可能是火星上唯一能为生命提供保护的天然结构。其次，如果条件适宜，这些洞穴将来可能作为人类登陆火星之后的居住点。

美国天文学界为此建立了“火星洞穴”项目研究队伍，在地球上的洞穴内进行了类火星洞穴实验。他们从研究火星的大气开始，做了空气实验，看火星上的空气是否能够进行化学改变，直到可供人类呼吸。据悉，火星上的大气非常稀薄，但却拥有比地球大气更高浓度的氩气。天文学家们首先将混有氧气、氩气和一些其他气体的空气抽进一个装有两只蟋蟀的密封容器里，该混合空气有点类似于经过化学处理后的“火星空气”。研究显示，那两只蟋蟀在容器中并没有任何不良反应。同样的实验又在一个密闭的鼠笼中做过多次，同样的，氩气也没有对老鼠的健康产生任何不良影响。但是，在对人类做最后实验之前，科学家还无法最终确定氩气是否对人体真的无害。

在接下来的实验中，天文学家们在俄勒冈州中部一个密封的火山熔岩洞穴中，为两只老鼠建立了一个模拟的“火星洞穴”环境。他们认为，这个地球上的火山熔岩洞穴跟“火星洞穴”的环境非常类似。在老鼠栖居的洞穴墙上，天文学家们钉上了一些装满水的盘子，两种水生植物——浮萍和水蕨，就像纸花一样地漂浮在这些盘子的水面。一个通过洞穴外的太阳能板提供能量的荧光灯为植物的生长提供光合照明。老鼠呼出了二氧化碳，植物们就将二氧化碳转化成了氧气。结果，两天以后，当天文学家们打开密封的洞穴时，他们发现两只老鼠都健康地跑了出来，但显然有明显的缺氧现象，因为这些水生植物还不能产生足够的氧气供它们呼吸。

天文学家们计划在下一场实验中，在“火星洞穴”内放入更多的浮萍植物，并通过化学反应使洞穴保持足够的湿度。届时，还将在老鼠居住的地方注入类似于未来火星移民者可能会呼吸到的火星混合气体。并且在未来的实验中，还将让老鼠吃浮萍为生。

有一位参加实验的天文学家向人们透露：浮萍将可能是未来“火星人”的理想食物。因为每克浮萍比大豆拥有更多的蛋白质，此外，浮萍生长速度很快，一天中甚至能成倍生长。

8 木星风范

行星名片

名字：木星

英文名：Jupiter

排位：5

直径：14.3 万千米

自转周期：9 小时 50 分

公转周期：11.86 地球年

卫星数：63

木星概况

木星是太阳系“巨行星”的代表，按照八大行星距太阳（由近及远）顺序为第五，是天空中仅次于太阳、月球和金星的第四亮的星星。在我国古代，木星被称为岁星，这是取其绕行天球一周为12年，与地支相同之故。在古希腊和古罗马的神话中，木星是诸神之首的宙斯和朱庇特的化身。

自古以来，人们一直在关注着木星。1973年，探测地外行星的第一艘太空船——美国“先驱者10号”——飞越木星。之后，“伽利略”太空船等探测器又多次光顾了木星。

在八大行星当中，木星位于质量、体积和自转速度等方面的首位，是一个重量级的“人物”。它的质量是其他七大行星总和的2.5倍还多，是地球的318倍，体积是地球的1400倍。

木星公转周期约为11.86地球年。它的自转速度比太阳系内任何行星的自转速度都要快，其周期为9小时50分30秒，也就是说，木星上的“一天”只有地球上的9小时50分那么长。

木星辐射的能量非常惊人，相当于它从太阳那里接受到能量的两倍之多。这与火星、地球和金星等的大气层保持平衡形成了鲜明的对照，因为它们只是辐射出太阳供给的那些能量。木星的额外能量是从哪里来的呢？天文学家认为，从木星的形成来分析，似乎并不可能留下足够的热量；就木星的构造而言，放射性也不可能提供足够的能量。最好的说明是：木星尽管有几十亿年的历史，但是由于万有引力的作用，使得它仍然在收缩，在收缩时，万有引力作用的能量转化为了热量，正如在一个封闭的泵中，压缩空气的同时也加热了空气。

天文学家发现，木星主要由氢和氦组成，中心温度估计高达 30500 摄氏度。

它是一个液态星球，形状并非正球形，而是两极稍扁，赤道略鼓的扁球体。它的赤道直径是 14.3 万千米，比两极的直径要长 9200 千米。由于快速地自转，使它的表面形成了许多平行于赤道的条线。

在八大行星当中，木星的天然卫星最多，已确认的有 63 个，它们有的半径达 2000 多千米，有的半径仅几千米或十几千米。最大的为木卫三，其半径达 2634 千米。在木星众多的卫星当中，前 4 个即木卫一、木卫二、木卫三和木卫四是意大利天文学家伽利略在 1610 年用自制的望远镜发现的，这是运用望远镜进行的首次天文发现，其意义非常重大。1892 年，巴纳德用望远镜发现了木星的第五颗天然卫星。其他天然卫星都是 1904 年以后用照相方法陆续发现的。

天文学家从木星探测器发回的信息中发现，木星有比地球强约 10 倍的磁场。这个磁场由木星向外扩展到几倍于木星半径的地带中，捕获来自太阳的高能质子和电子。他们分析，木星的磁场似乎与木星的大部分具有金属性质有关，这种“金属”是被紧紧压缩的固态氢，而不是地核中的那种溶化铁。

伽利略卫星

1609年年底，意大利天文学家伽利略自己动手制造出一台双透镜望远镜，这是科学研究中第一台用于天文观测的望远镜。他首先观测了月球，清晰地看到月球上高山和山谷凹凸起伏，参差不起的月球边缘看起来就向锯齿刀切割的一样，并不是像“教科书”上讲的那样平滑。

1610年1月7日，伽利略把他的望远镜指向了木星，看见在木星附近有3个像星的光点，2个在木星的东方，1个在木星的西方。几天后，他又发现了木星附近的第四个像星的光点，令他吃惊的是，这4个光点都在围绕木星旋转。它们正是木星的卫星。伽利略看到的这幅图景，很像太阳系的一个缩影。伽利略的这个发现在当时违背了“教科书”上“宇宙中只有地球有卫星”的理论。

随后，伽利略借助于望远镜，又陆续发现了土星光环、太阳黑子、太阳的自转、金星和水星的盈亏现象、月球的周日和周月天平动，以及银河是由无数恒星组成的等等，开辟了天文学的新时代。

当时的欧洲，正是封建社会向资本主义社会转变的关键时期。虽然经历了文艺复兴运动，但整个欧洲仍然处在罗马教会的神权统治之下，神学代替科学，野蛮代替自由，谬误被视为真理。许多人也因为长期受到教会和“地球中心说”宣传的影响，对出现的新思想和新事物往往大加排斥。1600年2月17日，意大利哲学家布鲁诺便因为宣传哥白尼的“日心说”，动摇了罗马教会所推崇的“地球中心说”，在罗马鲜花广场被活活烧死。

伽利略的一系列发现证明了哥白尼“日心说”的正确性，并推动了该学说的发展，这与教会水火不相容。1616年，罗马教会向伽利略发出了警告。但是，伽利略不为所动。他继续从事观测和研究工作，用9年时间写就了一本总结自己在自然科学方面一系列新发现的著作，精辟地论证和发展了哥白尼的“日心说”。这本书公开出版后，在社会上引起了剧烈的反响，给宗教神学一个新的打击。

科学和神学不可调和的斗争终于爆发了。1632年8月，罗马宗教裁判

名人堂

为科学献身的布鲁诺

乔尔丹诺·布鲁诺(1548～1600年)是文艺复兴时期意大利伟大的哲学家和科学家。他幼年丧失父母，家境贫寒，由神甫养育长大。自幼好学的布鲁诺在11岁时前往那不勒斯城学习人文科学、逻辑和辩论术。15岁那年到多米尼修道院做修道士，自学了亚里士多德学派哲学和神学。24岁时被任命为神甫。可是，当他接触到哥白尼的《天体运行论》后，立刻激起了火一般的热情。

布鲁诺由于信奉哥白尼学说，所以成了宗教的叛逆，被指控为异教徒，并被革除了教籍，长期漂流在瑞士、法国、英国和德国等国家。尽管如此，他仍然到处作报告、写文章，还时常出席一些大学的辩论会，用他的笔和舌毫无畏惧地积极颂扬哥白尼学说，无情地抨击经院哲学的陈腐教条。

布鲁诺的专业不是天文学也不是数学，但他却以超人的预见大大丰富和发展了哥白尼学说。他在《论无限、宇宙及世界》这本书当中，提出了宇宙无限的思想。他认为宇宙是统一的、物质的、无限的和永恒的。在太阳系以外还有无以计数的天体世界。人类所看到的只是无限宇宙中极为渺小的一部分，地球只不过是无限宇宙中一粒小小的尘埃。他指出，千千万万颗恒星都是如同太阳那样巨大而炽热的星辰，这些星辰都以巨大的速度向四面八方疾驰不息。它们的周围也有许多像地球这样的行星，行星周围又有许多卫星。生命不仅在地球上有，也可能存在于那些人们看不到的遥远的行星上。

布鲁诺以勇敢的一击，将束缚人们思想达几千年之久的“球壳”捣得粉碎。他的卓越思想使那些与他同时代的人为之惊愕，很多人认为布鲁诺的思想简直是“骇人听闻”。在天主教会的眼里，他是极端有害的“异端”和十恶不赦的敌人。他们施展狡诈的阴谋诡计，将布鲁诺诱骗回国，并于1592年5月23日逮捕了他，把他囚禁在宗教裁判所的监狱里，接连不断地审讯和折磨达8年之久！由于布鲁诺是一位声望很高的学者，所以天主教企图迫使他当众悔悟，以使他声名狼藉。但他们没有想到，一切恐吓、威胁和利诱都丝毫没有动摇布鲁诺的信念。

天主教会在绝望后凶相毕露，建议当局将布鲁诺活活烧死。当布鲁诺听完宣判后，轻蔑地说道：“你们宣读判决时的恐惧心理，比我走向火堆还要大得多。”

1600年2月17日，布鲁诺在罗马的鲜花广场上就义，一位伟大的科学家就这样被烧死了。

布鲁诺坚定不屈地同教会、神学作斗争，为科学的发展作出了贡献，他的科学精神永存！1889年，人们在布鲁诺殉难的鲜花广场上竖起了他的铜像，永远纪念这位为科学献身的勇士。

所下令禁止伽利略著作出售。同年10月，伽利略接到了宗教裁判所要他去罗马接受审讯的通知。

1633年年初，已经70岁、病魔缠身、行动不便的伽利略来到罗马，被关进了宗教裁判所的牢狱，完全失去了自由。在审讯和刑法的折磨下，他被迫收回自己的观点和发现。最后，他被判处终身监禁，并被勒令在三年内每周读七个忏悔的圣歌。

1642年1月8日，伽利略停止了呼吸，但是他毕生捍卫的真理却与世长存。去世前他除了说自己的发现是正确的外，没有说任何别的话。人们为了纪念伽利略的功绩，把他发现的4颗木星天然卫星命名为伽利略卫星。

1992年10月，在伽利略被误判三百多年后，罗马教会宣布为伽利略平反昭雪，承认了他的科学发现。

“大红斑”和“小红斑”

用天文望远镜观测木星，可以看到它的表面有一大块和一小块红色的斑块，这就是木星大气独有的标志，即两个著名的剧烈风暴系统，天文学上称为“大红斑”和“小红斑”。研究这两个风暴系统，有助于人类进一步揭开木星神秘的面纱。

“大红斑”确实很大，它位于木星赤道南面，呈椭圆形，从东到西有26000千米，从北到南有11000千米，大到可以吞没3个地球。人们对于它并不陌生，早在300多年前，人类就观测到了它，法国天文学家卡西尼当时还描述了它的花纹。但是，那时的人们只对它的颜色、位置有个大概的了解，并不知道其为何物。自从1972年以后，美国发射多艘空间探测器掠过木星，开始人类利用探测器对木星的考察，人们才逐渐增加了对“大红斑”的认识。

从探测器所拍摄的木星图片上看，“大红斑”波澜壮阔，汹涌澎湃，看起来好像是水在不停息地流动。

“大红斑”究竟是什么东西呢？天文学家们经过仔细分析有关资料后认定，“大红斑”是一团激烈上升的气流，或者说是一个“大气旋”，即气象学上常说的“高压中心”，它不停地沿着逆时针方向进行旋转，由此形成的风暴大约每12天旋转一周。由于“大红斑”这个巨大的旋涡恰好夹在木星两股不同方向的气流带中间，周围的摩擦阻力很小，因此，它才能长期地存在下去。也有的天文学家认为，“大红斑”能长期维持下去是复杂科学中的孤子现象，这种现象可以保持动态系统的稳定性。

“‘大红斑’为什么能够长期存在”、“为什么是红褐色”的问题还没有彻底解决，新的问题又产生了。这就是天文学家们已经注意到“大红斑”正在并吞着周围的“小红斑”。这又是为什么呢？天文学家们正在用计算机作数值模拟，希望能够尽快地解开这个谜。

相对于久经沧桑的“大红斑”，“小红斑”还只是一个“小宝宝”。它的“个头”虽然比“大红斑”要小一半，但也与地球差不多。

2000年时，天文学家利用哈勃望远镜等观测发现，木星上3个白色气团合并为一个大体积的风暴系统，他们将其命名为“卵斑BA”。

2005年年底，天文学家惊讶地发现，这一系统开始变成棕色，到了次年年初竟显现出了红色。

2006年10月，天文学家用哈勃望远镜观测到“小红斑”正在不断增强，颜色变得更红，活动更为剧烈。

目前多数人猜测认为，“小红斑”颜色出现变化可能是由于风暴系统活动增强，“小红斑”可能会将木星大气系统低层的红色物质向上“抬升”，使“小红斑”持续呈现红色。

2007 年 5 月，美国宇航局发布了由“新视野号”探测器在飞往冥王星的途中掠过木星时拍摄的一批高质量木星图像，其中就包括“小红斑”。这是迄今人类探测器拍下的最近距离的“小红斑”图像。天文学家们表示：将借助这些照片进一步分析木星风暴系统的形成及颜色变化等。

2009 被撞事件

2009 年 7 月 20 日上午，一幅木星遭遇撞击的照片出现在了全球许多科学网站上，在空间观察领域掀起轩然大波。发布此照片的是澳大利亚一位业余天文爱好者，名字叫卫斯理。

原来，当天凌晨 1 时，卫斯理利用架设在自家后院的那台规格为 14.5 英寸的反射式望远镜，对木星进行观测，突然发现木星表面有地球般大小的“斑点”，这种现象是以前没有看到的。他起初认为该“斑点”是木星的一颗卫星，但随后的进一步观测表明，其运动轨迹与任何一颗已知的木星卫星均不相同。除此之外，这一“斑点”所处的位置和形状也显示，它不可能是某颗木星卫星投下的阴影。由此，他推断为木星发生了一次撞击事件。所谓的“斑点”，实际上是撞击留下来的痕迹。那个撞击木星的星体本身直径可能仅有 80~160 千米左右，撞向木星的速度可能为 50 ~ 100 千米 / 秒。

美国航空航天局喷气推进实验室在 20 日晚上 9 时发布的消息，证实了卫斯理的发现。之后，他们又表示：此次相撞的时间很可能与 15 年前的彗星与木星的相撞重合。木星在过去相当短一段的时间内再次遭遇其他星体的撞击，使木星南极附近落下黑色疤斑，撞击处上空的木星大气层出现一个地球大小的空洞。美国航空航天局将继续追踪观测木星，以获取更多信息，包括证实撞击物究竟是彗星还是其他物质。

9 走近土星

行星名片

名字：土星
英文名：Saturn
排位：6
直径：12.03 万千米
自转周期：10 小时 14 分
公转周期：29.46 地球年
卫星数：50

土星概况

土星可算是太阳系中较为奇特的一颗行星，在望远镜中看来，它的外表犹如一顶草帽，在圆球形的星体周围有一圈很宽的“帽檐”，这就是土星光环，又称土星环。光环的存在使得土星成为群星中最美丽的一颗，令观赏者赞叹不已。

土星在冲日时的亮度可与天空中最亮的恒星相比。由于光环的平面与土星轨道面不重合，而且光环平面在绕日运动中方向保持不变，所以从地球上看，光环的视面积便不固定，从而使土星的视亮度也发生变化。当土星光环有最大视面积时，土星显得亮一些；当视线正好与光环平面重合时，光环便呈现为一条直线，土星就显得暗一些。二者之间的亮度大约相差 3 倍。

相传，土星这个名字，是我国古人根据五行学说，结合肉眼观测到它的颜色（黄色）而起的。

1973 年 4 月，美国“先驱者 11 号”探测器首先光临了土星，随后又有“旅行者 1 号”和“旅行者 2 号”以及“卡西尼号”飞船或探测器等去访问，使得人们对它的认识日益加深。

许多天文学家分析：土星形成时，起先是土物质和冰物质吸积，继之是气体积聚。因此，它有一个直径20000千米的岩石核心。这个核占土星质量的10%~20%，核外包围着5000千米厚的冰壳，再外面是8000千米厚的金属氢层，金属氢之外是一个广延的分子氢层。

土星与木星同属于巨行星，有许多地方很相似。土星磁场的磁轴与其自转轴吻合，磁心偏离土星核心约22.5千米。磁场范围比地球的磁场范围要大上千倍，但比木星磁场要小一些，并且也没有木星磁场复杂。

土星是八大行星当中形状最扁的，为云层所覆盖的表面有着沿赤道伸展的条纹带。它的体积是地球的745倍，质量是地球的95倍。它的自转速度虽然赶不上木星，但不同纬度自转的速度却不一样，这种差别比木星还大。如它在赤道上的自转周期是10小时14分，内部自转周期则为10小时40分。

土星绕太阳公转一周约为29.46地球年。虽然它也有四季，但是每一季的时间要长达7年多，因为距离太阳遥远，即使夏季也是极其寒冷的。

说来有趣，土星的平均密度只有0.7克/立方厘米，比水的密度还要小，是八大行星中密度最小的。如果把它放在水中的话，它会浮在水面上。另外，由于土星的密度太小，其表面重力加速度和地球差不多。在土星上，物体要有37千米/秒的速度才能脱离土星，比地球表面的脱离速度大得多，因此它能够把大量的大气束缚住。

土星大气以氢、氦为主，并含有甲烷和其他气体，大气中飘浮着由稠密的氨晶体组成的云。土星的云带以金黄色为主，其余是橘黄色、淡黄色等。

土星的表面同木星一样，也是流体的。土星赤道附近的气流与自转方向相同，速度可达每秒500米，比木星上的风力可大多了。

土星的天然卫星有50颗，它们的形态各异，活泼生动。最著名的土卫六是目前发现的太阳系卫星中，唯一有大气存在的卫星。

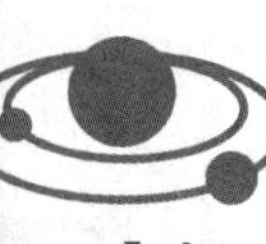

奇妙的环

1610年，意大利天文学家伽利略观测到在土星的球状本体旁有奇怪的附属物。它们是些什么东西呢？1649年，荷兰天文学家惠更斯回答了伽利略提出的问题，那是离开本体的光环。1675年，意大利天文学家卡西尼发现土星光环中间有一条暗缝。同时他还猜测，光环是由无数小颗粒构成的。两个多世纪后的分光观测证实了他的猜测是正确的——土星环是无数个小卫星在土星赤道面上绕土星旋转的物质系统。

在空间探测器没有到达土星以前，人们根据地面观测的结果，都认为土星有5条环。后来人们分析了空间探测器考察土星的“情报”发现，土星环实际上有7条。

土星环系的总宽度超过20万千米，而最大厚度却不超过150米，无怪乎当它以侧面对着人们时会消失殆尽，这一点也曾使伽利略对自己的发现产生过怀疑。

7条土星环分别以A、B、C、D、E、F、G编号。这个编号是按照发现的先后，而不是按照其离土星本体的远近安排的。前5个是人们在地面上观测到的，后2个是“先驱者11号”空间探测器在1979年9月发现的。除了A环、B环和C环以外，其他环都很暗弱。在7个土星环当中，E环的情况最复杂，它的宽度超过8万千米，一直延绵到离土星表面20万千米以外的空间中。F环最窄，宽度仅为30千米。C环最暗，宽度约19000千米。G环离土星最远，展布在离土星中心大约10～15个土星半径间的广阔地带。最里面的是D环，内侧几乎触及土星表面，宽度约为12000千米。

7条环以及环与环之间称为环缝的暗区，通常以发现者的名字来命名。环缝是一些质点密度相对较小的区域。在若干条环缝中，只有两条永久性环缝，一是A环、B环两环间，宽度为5000千米的卡西尼缝；二是A环中宽度只有876千米的恩刻缝。其他环缝既不完整又具有暂时性，D环与C环内缘相隔的盖林缝，宽为1200千米；既宽又亮的B环与C环相隔着宽为1800千米的法兰西缝；F环与A环间宽约3600千米的空缺区取名为先驱者缝，它是由“先驱者11号”发现的。

关于土星环缝产生的原因，许多天文学家认为是由土星卫星的引力共振造成的。

从探测器传回的土星照片，几乎让所有的人大跌眼镜。看上去光辉灿烂的土星环，竟然是一大片碎石块和冰块，它们的直径从几厘米到几十厘米不等，只有少量超过1米或者更大。

土星环的整体形状类似一个巨大的密纹唱片。其中有的环好像是由几股细绳松散地搓成的粗绳一样，或者说像姑娘们的发辫那样相互扭结在一起。有的环呈现辐射状，组成辐射状环的物质就像车轮那样，步调整齐地绕着土星转，这样岂不要求那些离得越远的碎石块和冰块运动的速度越快吗？这显然违背了目前已经掌握的物质运动定律。那么，这到底是一个什么样的规律在起作用呢？目前还在探索中。

受关注的土卫六

在太阳系内已知的天然卫星当中，最受天文学家青睐的就是土卫六。这颗于1655年3月25日由荷兰天文学家惠更斯无意中发现的卫星，确实有着与众不同的“天资”。

土卫六的直径为4828千米，比冥王星大许多，跟水星差不多。在卫星世界中个头排在第二位，质量是月球质量的1.8倍，平均密度约为地球密度的1/3，引力则为地球的14%。

土卫六与土星的平均距离为122万千米，它像月球一样，总以同一面向着自己的行星。也就是说，如果在土星上看土卫六的话，永远只能看到它的同一个半面。

最使天文学家们感到兴奋的是，土卫六是太阳系内已知的天然卫星中唯一拥有大气的卫星。

“旅行者1号”对土卫六的考察结果表明，土卫六的大气层约有2700千米厚，密度比地球的大气密度要高。其主要成分是氮气，大约占98%，甲烷占1%，还有少量的乙烷、乙炔和氢等。天文学家们认为，土卫六的大气层与大约40亿年前地球开始出现生命前的大气层很相像，而且土卫六表面可能还有很多岩石，这就更像地球了。因此，有些天文学家推测，在土卫六上也许有着最原始的生命形式。

果然，在飞往土星的探测器对土卫六的云层顶端作了认真考察后，真的在那里发现了形成生命前的有机分子氢氰酸分子。

那么土卫六上究竟有没有生命呢？目前这还是一个谜。天文学家们正在计划向土星区域发射携带有下降装置的飞船，以进入土卫六的大气层，对其大气的有机化学成分及其化合物的形成进行有针对性的研究。也许到了那时候，就能够准确地回答土卫六上究竟有无生命这个问题了。

认识天王星

行星名片

名字：天王星
英文名：Uranus
排位：7
直径：51118 千米
自转周期：17.9 小时
公转周期：84.01 地球年
卫星数：29

天王星概况

天王星是英国天文学家威廉·赫歇尔在 1781 年 3 月 13 日发现的。赫歇尔本来想把它以当时英国国王乔治三世的名字来命名，但是由于其他行星的名称都是取自希腊神话人物，所以为了保持统一性，国际上在 1850 年时还是将其定名为“乌拉诺斯”。在希腊神话中，乌拉诺斯是第一位统治整个宇宙、将混沌的宇宙规划得和谐有序的天神，他与地母该亚结合，生下了后来的天神宙斯。中文将这个星名译做“天王星”。

1986年1月24日，美国“旅行者2号”探测器拜访了天王星。虽然这是迄今为止，对天王星唯一的一次近距离的探测，但它的收获是巨大的，帮助人类对天王星有了更加清晰的认识。

天王星在太阳系中位列第七名，距离太阳大约有29亿千米。它的体积仅次于木星和土星，在太阳系中位居第三，是地球的65倍；赤道直径约为51118千米，是地球的4倍；质量约为地球的14.5倍。它的公转轨道是一个椭圆，以平均每秒6.81千米的速度绕太阳公转，公转一周为84.01个地球年，自转周期则短得多，仅为17.9小时。

天王星的表面温度低于-180摄氏度，是太阳系温度最低的行星之一，有天文学家认为，主要原因就是它距离太阳太遥远了。

天王星基本上是由岩石和各种各样的冰水混合物所组成的，组成元素主要为氢和氦，其中氢约占83%，氦约占15%，甲烷以及少量的乙炔和碳氢化合物约占2%。海王星表面重力加速度比地球略大，物体要有21.22千米/秒的速度才能脱离天王星。气体很难得到这样大的速度而跑掉，因此，天王星能把大量的大气束缚住，使其表面有厚厚的大气。

天王星的磁场比地球的磁场强50倍，磁轴与自转轴成60度，更特别的是它的磁场不是从球核产生的，而是从覆盖物中产生的。由于受天王星磁场的吸引，大量带电微粒纷纷从天空落下。当它们在大气层与空气分子撞击时便发出奇异的光彩，这些极光比在地球上见到的要亮10倍。

天王星在许多方面与木星和土星很相像。虽然它的内核不像木星和土星那样是由岩石组成的，但它们的物质分布却几乎相同。它和土星一样，也有美丽的光环，而且也是一个复杂的环系。它至少有粗细不等的光环上百条，每条环颜色各异，美丽异常。这一发现打破了土星是太阳系唯一具有光环的行星的传统认识。

在天王星的表面具有发白的蓝绿色光彩和与赤道不平行的条纹。有天

名人堂

赫歇尔和天王星

天王星是人类使用望远镜发现的第一颗行星。它的发现者为威廉·赫歇尔（1738～1822年）。其实，在赫歇尔发现天王星之前，已经有好几个人曾观察过天王星。由于被太阳系的范围只到土星为止的“正统”观念所束缚，有的人虽然多次看到它，最后还是误把它作为恒星而让它“逃之夭夭”了。

赫歇尔出生于德国汉诺威（当时属英国管辖）的一个音乐世家，在家中6个孩子里排行老三。他16岁时从军，成为军乐队的小提琴手和双簧管演奏员。18岁时脱离军队流浪到了英国本土，正是他的音乐才华使他摆脱了饥饿的折磨。他先后担任过音乐教师、演奏师，并成为有一定知名度的作曲家。1981年4月25日，在天王星被发现200年的时候，英国格林威尔海军大学举办了一场别开生面的“纪念赫歇尔音乐演奏会”。那天演奏的所有曲目，不论是交响乐还是奏鸣曲，也无论是协奏曲还是田园诗，全都是当年赫歇尔创作的作品。所有与会的音乐家和天文学家，交口称赞赫歇尔是世上少有的“音乐界和天文学界的双星”。

赫歇尔虽然具有音乐的天赋，但对于天文学更是情有独钟，他最后给自己确定的发展方向也是天文学。由于买不起昂贵的望远镜，他自己动手研磨透镜，制造反射式望远镜。从1773年起，除了晚上不知疲倦地作巡天观测之外，他时常利用白天的时间磨制望远镜镜面。既聪明又勤快的妹妹卡洛琳成为他的帮手，不仅陪同他一起观测星空，还悉心地为他料理家务。经过多次失败，赫歇尔终于安装成了一架口径15厘米、长2.1米、放大40倍的牛顿式反射望远镜。

1781年3月13日夜晚，赫歇尔像往常一样，在自家的庭院中观测星空。当时，他注意到双子座中有一颗很陌生的星，比较亮，可是在星图上却怎么也查不到它。他改用 400 多倍和 900 多倍的目镜仔细观测之后，肯定了这不是一颗恒星。为慎重起见，赫歇尔没有声张，而是连续 10 个夜晚密切地关注着这颗小星。起初，他向皇家天文学会报告说，新发现了一颗彗星。后来，当根据所得到的观测数据，计算出它的轨道近似圆形，其距离太阳比土星远出约一倍时，他才意识到自己发现了一颗新行星。

之后，经过包括著名科学家拉普拉斯在内的学者们的进一步研究分析，确定赫歇尔发现了太阳系的一颗新行星，这就是天王星。赫歇尔的发现立刻轰动了世界，全欧洲的报纸都在头版头条位置进行了报道，刊登他的画像，甚至连那架发现新行星的望远镜和他的音乐指挥棒也被画成了漫画。

凭借这一成就，赫歇尔当选为英国皇家学会的会员，被授予柯普莱勋章。英王乔治三世召见了赫歇尔，参观了他自制的望远镜，给予他每年 200 英镑的年薪。1816 年，赫歇尔被册封为爵士。

有道是，梅花香自苦寒来。赫歇尔的渊博学识、数理基础和冶炼技艺等完全是凭勤奋自学得到的。当他成为专业天文学家时已经 43 岁了。在他 50 多年观测天象的过程中，共制作过 400 多架望远镜，其中最大最著名的是一台 12 米长、口径 1.26 米的反射望远镜。他把天空分为 683 个区域，一颗一颗数出各个方位上能看到的恒星，共计数了 117600 颗恒星。他绘制出了人类第一份银河系结构图和第一份双星星表，先后发布了 694 对双星，其中有 511 对是他本人发现的。他最先算出太阳是以每秒 17.5 千米的速度运行。他发现了红外线和太阳红外辐射，研究了双星、聚星和星团，推导出牛顿万有引力定律同样适用银河系的结论。可以说，赫歇尔的贡献几乎涉及天文学的所有领域。

赫歇尔全部的精力都用于对浩渺星空的无限探索。直到 50 岁时，他才娶妻成家，54 岁时才当上爸爸。1822 年 8 月 25 日，赫歇尔病逝于斯劳，享年 84 岁，这恰好是天王星绕太阳运行的公转周期。

终生陪伴着赫歇尔从事天文观测等工作的妹妹卡洛琳，是一位了不起的女性，她终生未婚，在赫歇尔的许多发现中都有她的一份功劳。她独自也取得了不少成就，例如先后发现了 14 个星云与 8 颗彗星，对星表作了修订，补充了 561 颗星。1848 年，她以 98 岁的高龄告别了人世。

文学家分析认为，蓝绿色光彩现象，可能是由于天王星上层大气中的甲烷吸收了大量红色光谱的缘故。那儿或许有像木星一样的彩带，但它们被覆盖着的甲烷层遮住了。至于与赤道不平行的条纹，大概是由于其自转速度很快而导致的大气流动。

天王星上的昼夜交替和四季变化十分奇特和复杂，太阳轮流照射着北极、赤道、南极、赤道。因此，天王星上大部分地区的每一昼和每一夜，都要持续 42 年才能变换一次。

现在已经发现天王星有 29 颗天然卫星，它们几乎都是在接近天王星的赤道面上，绕天王星转动。据“旅行者 2 号”观测，与其他所有的气态行星一样，天王星也有带状的云围绕着它快速飘动。但它们太微弱了，以至只能由探测器拍摄的，经过加工的图片才能够看出来。

躺着运行的行星

在太阳系中，所有的行星基本上都遵循着自转轴与公转平面接近垂直的规律而运动，唯独天王星“别出心裁”，它的赤道面与轨道面的倾角为 97 度。也就是说，其他行星的自转轴相对于太阳系的轨道平面都是朝上的，都是“站”着在工作，只有它的自转轴几乎是躺倒在它的轨道上，以“躺”着的姿势绕太阳运动。

有的人说，天王星以这样的姿态运动，使它的四季现象变得复杂化了。更多的人认为，准确地讲，天王星根本没有四季，只有两季，就是冬季和夏季，也可以说是只有白天和黑夜。这个观点不无道理。天王星的南北两极基本上在它的轨道面上，赤道面与其轨道面基本垂直了。当它的南极朝向太阳时，南半球就是阳光普照、太阳一直不下落、没有黑天的夏季。相反，与此同时的北半球正是夜幕笼罩、迟迟不见太阳升起、没有白天的寒冷冬季。天王星南北两极的白天和黑天都很漫长，都为 42 地球年。也就是说，它们要经过持续 42 年的白天或黑夜，才能够完成一次“角色”的轮换。

至于天王星这种异常的转轴倾斜现象的产生原因，天文学家们还没有彻底弄清楚。通常的猜想是在太阳系形成的时候，一颗地球大小的原行星撞击到天王星，造成了指向的歪斜。

遥看海王星

行星名片

名字：海王星

英文名：Neptune

排位：8

直径：49492 千米

自转周期：19.2 小时

公转周期：164.79 地球年

卫星数：13

海王星概况

海王星是 1846 年 9 月 23 日被发现的，这是唯一利用数学预测而非有计划的观测发现的行星。由于海王星是一颗淡蓝色的行星，故以罗马神话中海神尼普顿的名字命名，中文译为海王星。它的天文学符号，是希腊神话中海神波塞冬使用的三叉戟。

迄今，仅有美国的“旅行者 2 号”探测器在 1989 年 8 月 25 日拜访过海王星。人类所知的关于海王星的信息大都来自于这次短暂的会面。

在太阳系的八大行星当中，海王星距离太阳最远，与太阳的平均距离为 44.96 亿千米，是地球到太阳距离的 30 倍，因此接收到的太阳的光和热只有地球的 19%。它的表面上覆盖着延绵几千千米厚的冰层，温度 -200 多摄氏度，是太阳系最寒冷的地区之一。但是在红外波段，海王星的辐射能量超过了它所吸收的太阳能量两倍多，维持了太阳系所有行星系统中已知的最高速风暴。

海王星的直径为 49492 千米，是地球的 3.9 倍；体积为地球的 57 倍；

质量为地球的17.2倍。它的平均密度为1.6克/立方厘米；表面重力加速度比地球的略大，表面上物体的逃逸速度为23.6千米/秒。

海王星绕太阳公转一周需要164.79地球年。而它的自转周期大约只需要19.2小时，快速自转使它的扁率达1/50(即赤道半径比极半径约长600多千米)。

海王星的内部由熔岩、水和冰、液氨和甲烷的混合物组成的。天文学家们分析，它可能有一个固态的、质量大概不超过一个地球质量的、由岩石和冰构成的核。

海王星的大气层85%是氢气，13%是氦气，2%是甲烷和氨气等。甲烷赋予了海王星云层蓝色的外观。它的磁场和天王星的一样，位置十分古怪。天文学家分析，这很可能是由于行星地壳中层传导性的物质(大概是水)的运动而造成的。

海王星的光度暗淡，亮度为7.84等，即使用大型望远镜也难看清它表面的细节。现在，已经发现它有13颗天然卫星和5条很暗的光环。此外，它还有极光和因甲烷受太阳照射而产生的烟雾。不过，它最明显的特征还是要数大风暴和位于南半球的大黑斑。

海王星的发现

天王星有着“从笔尖下发现的行星”和“用方程式解出来的行星”等美称。说起它的发现，还有着许多故事呢。

伽利略的“大意”

著名天文学家伽利略在 1612 年 12 月 28 日首次观测到了海王星，并且对其进行了描绘。1613 年 1 月 27 日，伽利略再次观测到了这颗行星，并且辨认出它存在相对于恒星背景的移动，但是他坚持认为那是一颗普通的恒星。

天文学界后来曾经就此事进行过分析，主要的说法有这么两种：第一种说法，伽利略是被一些“假象”所迷惑了。他在第一次观测时，海王星处于转向退行的位置，因为刚开始退行时的运动还十分微小，以致他的小望远镜察觉不出其位置的改变。第二种说法，伽利略当年的观测进行到关键时，天空突然开始有云了，于是他就没有进一步观测。

至于这两种说法是否属实，如今看来都不是那么重要了。总之，伽利略没有把握住机会，与一个重大发现失之交臂，把发现海王星的殊荣，拱手让给了后人。

亚当斯“碰壁”

18 世纪初时，天王星表现得有点淘气，老是偏离自己的位置。这就引起了天文学家们的思考：要么是万有引力定律不适用于远距天体，要么就是天王星以外还有一个星体对天王星“拉拉扯扯”，迫使它不“循规蹈矩”。用天文望远镜搜寻那颗可能存在的星，无异于大海捞针，显然是不现实的。于是计算出该星的具体方位便被提上了日程。

1843 年 10 月 21 日，英国剑桥大学数学系的学生亚当斯完成了他历时两年多的计算，指出了那颗星的位置。于是他求见英国皇家天文台的查理士博士，遗憾的是他的发现没有引起重视，他呈上的论文被束之高阁，没有得到任何回复。

直到 1846 年 7 月，查理士博士才在别的天文学家的说服之下，勉强开始了按照亚当斯的计算开展搜寻的工作。

勒威烈“走运”

与亚当斯相比，法国工艺学院的青年天文学教师勒威烈就幸运多了。他也独立进行了新星位置的计算。可是，由于巴黎天文台没有那个天区的详细星图，他只好将自己对新星的计算结果寄给了德国柏林天文台。当时柏林天文台的学生、后获得英国皇家天文学学会金奖的普鲁士天文学家达赫斯特，正好完成了该天区的最新星图，可以作为寻找新行星时与恒星比对的参考图。于是，柏林天文台的副台长加勒博士按照勒威烈的计算进行了观测，结果如愿地在勒威烈指出的那个天区找到了那颗新星。他因此成为实际观测到该行星的第一人。

完美结局

当柏林天文台公布了加勒博士的观测结果以后，在全世界引起了轰动。这时，查理士博士发现他实际上在8月份时已经两度观测到了那颗新星，但由于漫不经心，而没有作进一步的核对。

英法两国天文学界为此发生了激烈的争吵。法国方面坚决主张叫“勒威烈星”，英国方面强烈要求叫“亚当斯星”。如此一来，亚当斯和勒威烈成为“对手”。好在勒威烈姿态高，明智地提出沿袭采用古代神话中的人物命名行星的方法，用海洋之神进行命名。这一方案立即得到了社会的广泛认同，于是太阳系中又有了一个新成员——海王星。

1848年，勒威烈和亚当斯相会于伦敦。后来，勒威烈两度出任巴黎天文台台长，而亚当斯则是两次就任英国皇家天文学学会会长。他们成为携手研究天体力学的好朋友，共同创造了天文学史上的美谈佳话。

海王星上的风暴

1989年8月24日，“旅行者2号”探测器这个人类使者，经过12年的长途跋涉，终于站到了距海王星4827千米的最近点，向地球上等待着的人类发回了展示海王星面貌的图片。

狂风呼啸，乱云弥漫，气旋翻滚，寒冷而荒凉。没有错，这就是海王星，一颗典型的气体行星。它的天气特征是极为剧烈的风暴系统，测量到的最高时速达 2100 多千米。

海王星的大气层动荡不定，大气中含有由冰冻甲烷构成的白云和大面积气旋，跟随在气旋后面的是时速为 640 千米的飓风。在它的南极周围有两条宽约 4345 千米的巨大黑色风云带和一块面积有如地球那么大的风暴区，它们形成了一个形状、相对位置和大小比例与木星的大红斑类似的大黑斑。疾风把大黑斑向西吹动，“命令”它沿中心轴向逆时针方向旋转，每转 360 度需要 10 天时间。天文学家们起初普遍认为大黑斑是一大块云，而后来推断，它应该是可见云层上的一个孔洞。

1994 年 11 月 2 日，天文学家们在哈勃太空望远镜中，意外地没有看见大黑斑，相反倒是在北半球找到类似大黑斑的一场新的风暴。大黑斑哪里去了呢？大家谁也说不清楚。他们认为，一种可能的理论是来自行星核心的热传递扰乱了大气均衡并且打乱了现有的循环样式。

在大黑斑的故乡南半球，还活跃着一个被称为小黑斑的飓风风暴，它以大约 16 小时环绕行星一周的速度日夜飞驶。“旅行者 2 号”访问期间观测，它的强度，在海王星的风暴世界里排在第二位。有天文学家分析，小黑斑最初是完全黑暗的，但在“旅行者 2 号”接近过程中，一个明亮的核心逐渐形成，并且出现在大多数高分辨率的图像上。

在大黑斑的南面还有一场风暴，它看上去就是一组白色云团。天文学家们给它起了个“滑行车”的绰号，原因是它比大黑斑移动得更快。

过去，天文学界人士曾经普遍认为，行星离太阳越远，驱动风暴的能量就应该越少。木星上的风速已达每小时数百米，而在更加遥远的海王星上，他们发现风速不仅没有减慢，相反却更快了。这种反常现象的一个可能原因就是，如果风暴有足够的能量，将会产生湍流，进而减慢风速，正如在木星上那样。然而在海王星上，太阳能过于微弱，一旦开始刮风，它们遇到的阻碍很少，从而能保持极快的速度。海王星释放的能量比它从太阳得到的还多，因而这些风暴也可能有着尚未确定的内在能量来源。

太阳系的其他天体

非说不可的冥王星

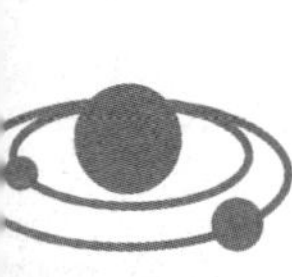

冥王星的发现

寻找冥王星的过程是艰辛的。因为它太其貌不扬了，直径 2300 千米的“个头”待在距离太阳有 59 亿千米之遥的地方，加之亮度很弱，只有 15 等，即使在大望远镜拍摄的照片上，要想从由几十万星星汇集而成的海洋里边寻找到它的话，也并非一件容易之事！美国天文学家洛韦尔为之付出了十几年的心血，他详细计算了这颗未知行星的位置，用望远镜仔细寻找，当成功在即时，他却突然离开了人世。

1925 年，洛韦尔的兄弟捐献了一架性能非常好、口径 32.5 厘米的大视场照相望远镜，希望天文学家们能够实现洛韦尔的遗愿。1929 年，洛韦尔天文台台长邀请著名天文学家汤博加入了对这颗未知行星的搜索行列。他们一个一个天区地搜索，拍摄了大量底片，并对每张底片进行细心的检查，工作艰苦、乏味。1930 年 1 月 21 日，汤博终于在双子座的底片中发现了冥王星。它在天空中的位置和洛韦尔生前推算的相差不到 5 度。

当时，有许多人为这颗新发现的行星起了名字，最后采纳了一位英国小姑娘的建议，将它命名为“普鲁托”。普鲁托是罗马神话中永远看不见太阳的地狱之神，即冥王。这颗新行星在远离太阳的寒冷阴暗的太空中蹒跚前行，用冥王星的名字称呼它真是再恰当不过了。

哥白尼提出日心说时，土星是太阳系的边界，后来随着天王星、海王星和冥王星的发现，太阳系边界一次次地外延。然而，从理论上说，太阳系的范围应比现在的范围大千百倍，甚至上万倍。太阳系中是否还存在着冥外行星呢？汤博在发现冥王星后的14年里，一直在用发现冥王星的方法寻找冥外行星。他用闪视比较仪仔细检查了362对底片，这些底片所覆盖的面积大约为全天的70%。他试图寻找可能存在的新行星。结果，他虽然发现了大量新天体，却没有冥外行星。天文学家们认为，冥外行星如果存在，势必会使飞近它的探测器受到摄动，其影响足可以在探测器的运行轨道中反映出来。然而“旅行者号”探测器在飞越海王星和冥王星轨道之后，运行正常，没有提供一点点证明未知天体存在的蛛丝马迹。到底有没有冥外行星，目前还是一个待解之谜。

身世是个谜

冥王星被发现时，由于错估了冥王星的质量，以为它比地球还大，所以就将它认定为大行星。经过近30年的观测，天文学家发现它的直径比月球还要小，而这时候，太阳系有九大行星的说法已经被写进了教科书，人们只好将错就错了。直到2006年8月24日，国际天文学联合会举行大会投票决定，才将冥王星正式从大行星的行列开除，列入“矮行星”的队伍。

其实，早在冥王星刚被发现的时候，天文学家们就发现它在很多方面与太阳系其他行星有区别。

其一，原先的八大行星都在接近于正圆形的椭圆形轨道上环绕太阳运行，而冥王星的轨道却要扁得多，它的偏心率高达0.248。这就使它在1989年经过近日点时，竟比海王星离太阳还要近。这种情况在太阳系其他八大行星中是绝无仅有的。

其二，地球绕太阳公转的轨道平面叫“黄道面”，大多数行星的公转轨道平面几乎都与黄道面重合。但是，冥王星的公转轨道平面和黄道面相交的夹角竟达170度之多。

其三，在原先的八大行星中，离太阳较近的水星、金星、地球、火星（它们统称为类地行星）体积都很小，但密度却相当大；离太阳较远的木星、土星、天王星、海王星（统称为类木行星）体积都很大，但密度却很小。人们发现，虽然冥王星离太阳很远，但密度却比类木行星大得多。

由于这些独特的差异，使许多天文学家们不得不提出这样的疑问：冥王星究竟是不是一个真正的行星呢?

1976 年，英国天文学家里特顿提出了“卫星说”。他认为，冥王星原先很可能是一个与海卫一一起环绕海王星运动的大卫星，它一度靠近了海卫一，它们在万有引力的相互作用下改变了运行状况，结果使冥王星脱离了海王星而成为第九颗大行星。在一段时间内，这种观点曾得到不少人的赞同。

1956 年，美国天文学家柯伊伯提出了“逃脱说”。他认为，当海王星及其卫星系统刚刚形成时，冥王星就逃了出来。1978 年，美国天文学家克里斯蒂发现了冥王星的卫星——冥卫一。他的同事哈林顿和韦兰登很快就提出了一种类似于柯伊伯的理论：过去某个时候，有一个质量比地球大三四倍的未知行星途经海王星的卫星系统，猛烈地破坏了这个系统，冥王星因此被“抛”了出来，同时它身上又被撕去了一大块物质，形成了新发现的冥卫一，而那个闯进来的行星本身则跑到了离太阳很远很远的地方。

上述两种观点尽管有所不同，但都承认冥王星原来是海王星的卫星。但有些天文学家却始终坚信冥王星根本就不曾是卫星，始终是一个行星。冥王星的发现者汤博就持这种观点。他说：“冥王星有一个卫星，这使人们更加相信它确实有权作为一个大行星。”

1982 年，美国堪萨斯大学地质学家华尔达斯提出，在离冥王星近 2 万千米的地方有一个光点，过去很多人说它是一颗卫星，其实它很可能是冥王星的一部分，是冥王星上的一片甲烷雪块，不是卫星。如果这种判断是正确的话，那么冥王星就不是最小的行星，而摇身一变成了第五大行星。尽管国际天文学联合会已经作出决议，但这并不等于所有

的天文学家都赞同冥王星不具备大行星的资格。应该说，这场争论还没有真正结束。顺便说一句，即使是按照国际天文学联合会作出的决议，冥王星还是行星，只不过是矮行星而已，暂时退出了大行星的行列。

冥王星深居太阳系的边陲，但在1979年后，由于它位于近日点，距离太阳比海王星还近。在此期间人类先后发射过“先驱者号”、“旅行者号”等宇宙探测器，但是都越过冥王星直奔浩瀚无际的银河系空间。有的天文学家认为，这是错失良机，如果能抓住这个机会多获得一些有关冥王星的信息，也许现在就已经揭开了它的身世之谜。

构成还没有确定

太阳系中的行星可以分为两类：类地行星和类木行星。造成这两种不同类型行星的根本原因，就在于它们与太阳的距离不相同。水星、金星、地球和火星这些类地行星距离太阳较近，太阳的高热使它们丧失了大部分较轻的元素，周围形成一层气体，中间包裹着一个固体的岩石球体。

木星、土星、天王星和海王星这几个类木行星，由于距离太阳较远，温度较低，气体混合物可由重力吸附在一起，其中一些密度较低的元素还会从中冷凝出来。它们几乎全由气体组成，主要成分是氢、氦、甲烷和氨，中间可能有一个小型的岩石核。

按照这样的分类，距离太阳最遥远的冥王星也应该是一个气体行星，而实际情况却不是这样。根据天文学家的推算，冥王星也是一个岩石型行星。

为什么冥王星会成为像类地行星一样的岩石型行星呢？其原因至今还不十分明了，天文学家只是作出了这样的推测：类木行星是在与冰和岩石组成的小行星不断撞击中合并成长起来的，并随时捕捉周围的原始太阳系星云气体，所以才成为今天的模样。冥王星也是不断地吸收周围的小行星而成长起来的，但由于它的转动速度比木星、土星慢多了，所以还没有来得及捕捉星云气体壮大自己，星云气体就散失掉了，于是它直到现在仍然是一个由岩石和冰构成的行星。

以上见解虽然只是推测，但仍然有人对此大表怀疑。说不定冥王星也是气态的行星，只不过因为距离太遥远，人们没有观察到罢了。要想确定冥王星的构成，最好的办法就是确定它的密度。1971年时，天文学家测定

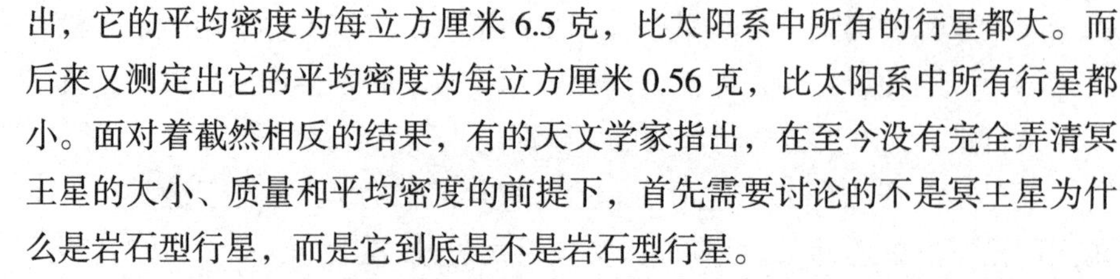

出，它的平均密度为每立方厘米 6.5 克，比太阳系中所有的行星都大。而后来又测定出它的平均密度为每立方厘米 0.56 克，比太阳系中所有行星都小。面对着截然相反的结果，有的天文学家指出，在至今没有完全弄清冥王星的大小、质量和平均密度的前提下，首先需要讨论的不是冥王星为什么是岩石型行星，而是它到底是不是岩石型行星。

目前，这种讨论不仅没有停止，而且范围还在扩大。美国有物理学家和天文学家提出了一个全新的看法，认为天王星和海王星也不像原来设想的那样表面上覆盖着冻结的甲烷和氨。这两颗行星上的温度和压力都很高，有可能使碳转化成金刚石，盖住它们的表面。这虽然只是一家之言，但却足以说明要想确定冥王星的构成，并不是一件简单的事情。

大气层问题

冥王星的公转运行轨道扁得出奇，它的近日点只有 44 亿千米，比海王星还近一些，而它的远日点距离太阳 74 亿千米，两者相差 30 亿千米。

由于距离太阳这样遥远，受到太阳的光和热很少，冥王星就变成了一个永恒的冰冻世界。正午时分，它的表面温度也只有 –223 摄氏度；而当夜幕降临时，则会降到 –253 摄氏度。在这样低的温度下，许多物质的性质会发生奇妙的变化：皮球比玻璃还脆，水银比钢铁还硬，鸡蛋落地竟能蹦起来。

既然冥王星上的温度这么低，那么它还会有气体挥发出来形成大气层吗？这个问题似乎没有讨论的价值，但有些天文学家却不这么认为。

1978 年时，有人对冥王星进行光谱分析，发现它的表面至少有一部分由甲烷组成的冰。甲烷是一种碳氢化合物，是天然气的主要成分。由于甲烷的冰点接近绝对零度，即使在实验室中也很难制取固态甲烷，所以天文学家还不大清楚甲烷结的冰究竟是个什么样子。

第一种意见认为如果冥王星上确实有甲烷冰的话，那么尽管冥王星上的光照十分微弱，甲烷还是会升华的，这样就会形成一个大气层。1979 年，有人果真在冥王星的光谱中发现了甲烷气体的谱线，这就支持了冥王星也有大气层的说法。

第二种意见也认为冥王星上有大气层，但这个大气层只存在于它的向阳面，背阳面却没有。他们的理由是，如果甲烷是冥王星上唯一的气体的话，只有在太阳光直接照射下，甲烷才会升华，这就决定了它只有向阳面才可能有一层薄薄的大气。

第三种意见认为，当冥王星处在远日点时，冥王星上只有向阳面才有大气层；而当冥王星进入近日点时，随着与太阳的接近，温度有所升高，在它的背面也可能出现一层甲烷气体。

不过，如果说冥王星上确实有一个大气层的话，那么甲烷就不应该是冥王星上唯一的气体。甲烷是一种很轻的气体，不和其他较重的气体混合，就会很快逃逸到星际空间中去。有的天文学家推测，冥王星上可能还有氩、氧、二氧化碳或氮等气体，它们同甲烷混合，就把它留在了冥王星的大气层中。

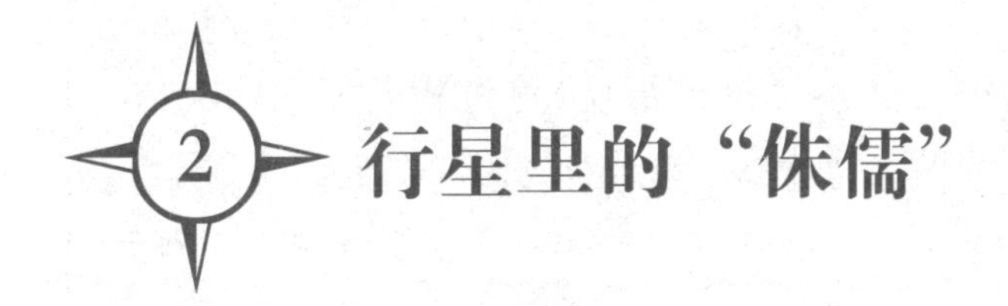

2 行星里的“侏儒”

矮行星亦称侏儒行星，又叫做小行星。它是2006年8月国际天文学联合会重新对太阳系内天体分类后新增加的一组独立天体，此定义仅适用于太阳系内。简单来说，矮行星介于行星与太阳系小天体这两类之间。

目前，人类发现的矮行星达2000多颗，即使这样，也还不到其总数的千分之几。为了称呼的方便，人们把这些矮行星一一编了号，最先发现的谷神星为1号。

当年，“提丢斯—波德定则”公布以后，人们根据这一定则，发现从火星到木星的轨道却不遵守这个定则。这使天文学家们猜想，在火星与木星之间，肯定存在着一个没有被人们发现的大行星。

1801年，这个“潜伏”起来的行星，被意大利天文学家皮亚齐在天文望远镜里边“找”到了。当时，大家以为它是太阳系的第五颗行星，就把它命名为谷神星。后来进一步观测发现，它出奇的小，直径还不到地球卫星月球的1/4，质量约为月球的1/50。于是，人们又给它起了个新名字，叫做小行星。

智神星是在谷神星被发现一年之后，天文学家们获得的新成果。它比

名人堂

郭守敬

郭守敬(1231 ~ 1316 年)，我国古代天文学家、数学家、水利专家和仪器制造家。

1276 年，元世祖忽必烈命令制定新历法，郭守敬和王恂联手行动，经过四年的艰苦努力，终于编出新历，忽必烈将其定名为《授时历》。这是我国古代最先进、施行最久的一部历法。

郭守敬创制和改进了候极仪、浑天象、立运仪、日月食仪以及星晷定时仪等十几件天文仪器仪表，还在全国各地设立 27 个观测站，进行了大规模的“四海测量”。郭守敬结合历史上的可靠资料加以推算，得出一回归年的长度为 365.2425 日。这个值同现今世界上通用的公历值一样。

晚年的郭守敬致力于河工水利，提出并完成了自大都到通州的运河（即白浮渠和通惠河）工程。在主持河工工程期间，他还制成一批精良的计时器。

郭守敬编撰的天文历法著作有《推步》、《立成》、《历议拟稿》、《仪象法式》、《上中下三历注式》和《修历源流》等 14 种，共 105 卷。

为纪念郭守敬的功绩，人们将月球背面的一环形山命名为“郭守敬环形山”，将 2012 号小行星命名为“郭守敬小行星”。

谷神星小得多，直径只有 490 千米。很快，又有婚神星、灶神星等相继浮现出来。

1978 年 7 月，美国天文学家发现了在冥王星赤道上空约 1.9 万千米的圆形轨道上运转的“卡戎”，其运行周期与冥王星自转周期相等。近年来的观测表明，“卡戎”其实与冥王星构成了双行星系统，同步围绕太阳旋转。另外，“卡戎”的直径超过 1000 千米，质量约为 190 亿亿吨，大约是冥王星的一半，其密度与冥王星相似。有专家推测，冥王星在远古时与一颗庞大天体发生了碰撞，导致一大块碎片从中分离出来，最后形成了“卡戎”。

阋神星是由美国加州技术研究所的天文学家于 2003 年在太阳系的边缘发现的，它的表面温度比冥王星要低，是迄今为止人们所知道的太阳系中最远、最寒冷的星体。它的编号为 2003 UB313，又名“齐娜”。其主要成分是冰和甲烷，直径至少比冥王星大 15%，估计有 2400 千米，为目前矮行星中体积最大的。它的轨道也像冥王星一样有着很大的离心率，对黄道面的倾斜角度也很大。它有一颗卫星，被命名为“戴丝诺米娅”，又称“阋卫一”。

美国加州理工学院的天文学家米高布朗所领导的小组，在 2005 年 3 月 31 日发现了鸟神星，它的体积在已知的矮行星中列第三位，它的直径大约是冥王星的 3/4，属于类冥矮行星系列。它没有卫星，因此是一颗孤独的大海王星外天体。

2005 年 7 月 29 日公布的妊神星，是西班牙塞拉内华达天文台的天文学家们在重新分析 2003 年的数据时首先发现的。这是一颗大型柯伊伯带天体，被编号为 2003 EL61，又称为“桑塔”，它的直径跟冥王星一样，质量是其 1/3，形状像一根被压扁的雪茄。它是太阳系里旋转速度最快的天体，大约每 4 小时旋转一周。

在发现小行星的活动中，我国的天文学家们也作出了许多贡献。张钰哲在 1928 年发现的一颗小行星，被编号为 1125，以“中华”二字命名。由于那时我国没有较大的天文望远镜，在以后的观测中与“中华”一度失散了。直到 1957 年才由紫金山天文台找到它的踪迹。半个多世纪以来，我国已先后发现了 400 多颗小行星。其中，在 1977 年就有 4 颗得到国际正式的编号，它们分别被以张衡、祖冲之、一行和郭守敬的名字所命名。

名人堂

一 行

一行（673 ~ 727 年），我国古代的天文学家和佛学家，本名张遂。自幼刻苦学习历象和阴阳五行之学，青年时代即以学识渊博闻名于长安，后剃度为僧，取名一行。先后在嵩山、天台山学习佛教经典和天文数学。曾翻译过多种印度佛经，为佛教密宗的领袖。

717 年，唐玄宗派专人将他接回长安主持修编新历。他主张在实测的基础上编订历法，为此，首先需要有测量天体位置的仪器。他率人设计黄道游仪，用时两年完成，后又设计制造水运浑象（又称为开元水运浑天俯视图）。一行等以新制的这些仪器观测日月五星的运动，测量一些恒星的赤道坐标和与黄道的相对位置，发现这些恒星的位置同汉代所测结果有很大变动。

一行从 725 年开始编历。经过两年时间，写成草稿，定名为《大衍历》，后经张说和陈玄景等人整理成书，颁行全国。

一行还组织发起了一次大规模的天文大地测量工作。用实测数据彻底地否定了历史上的“日影一寸，地差千里”的错误理论，提供了相当精确的地球子午线一度弧的长度。

3 必须要说的彗星

彗星的产生

彗星的英文为Comet，是由希腊文演变而来的，意思是“尾巴”或“毛发”，也有“长发星”的含义。中文俗称“扫把星”。

我国对彗星的记载，最早可上溯到殷商时代。如《淮南子·兵略训》中所陈述的一次彗星现象，据后人推算，是公元前1057年哈雷彗星回归的记录。

天文学家们经过常年的观测发现，宇宙空间中有许多彗星，但大的彗星没有几个，绝大多数是小彗星，它们都是沿着又扁又长的椭圆轨道环绕太阳运行，每隔一段时间才能来到距离太阳和地球较近的地方。比如，著名的哈雷彗星要每隔76年左右才会来到太阳身边一次。因此，居住在地球上的人类，要想用肉眼看到它，机会是很难得的。

现在，天文学家们通过对初步掌握的一些彗星资料分析后认为，彗星属于太阳系中的一种小天体，由冰冻物质和尘埃组成，中心部分是由比较密集的固体质点组成的彗核。太阳的热使彗星物质蒸发，在彗核周围形成朦胧的彗发和由一条稀薄物质流构成的彗尾。由于太阳风的压力，彗尾总是指向背离太阳的方向。

彗星是靠反射太阳光而发光的，一般彗星的发光都很暗，它

们的出现只有用天文仪器才可观测到。只有极少数彗星，被太阳照得很明亮且拖着长长的尾巴，才会被人们看见。

彗星是怎么产生的呢？从古至今，人们对此一直争论不休，其说法可谓是五花八门。

1950 年，荷兰天文学家奥尔特提出了一个有名的假设：在太阳周围存在着一个巨大星云团，它就是一个彗星库，里边有上亿个很小的固体状彗核。在过往恒星的引力作用下，巨大星云团就向太阳系内部馈射彗星。

奥尔特所指的这个巨大星云团，后来以他的名字所命名。从目前掌握的资料来看，没有任何彗星的轨道是明显地来自太阳系之外。这个事实也说明了彗星不大可能来自星际空间。很多天文学家对于奥尔特的假说是持认同态度的，但这个假说是否完全正确，目前还没有最后确定。

按照奥尔特的推测，恒星的引力作用改变了奥尔特云外部彗核的运动轨迹，从而可以连续不断地向太阳系内射入彗星。但是很多天文学家逐渐意识到，可能还存在着一种能量更大的作用掠走了奥尔特云外端的彗星。20 世纪 70 年代，射电天文学家发现银河系中存在着一种分子云，它的直径达 300 光年，质量为太阳的 100 万倍。当太阳相对银河系中心产生位移时，必将引起奥尔特云外端剥落大量彗星。据推算，在太阳系演化过程中，这样的碰撞发生过 10 ~ 15 次，每一次碰撞都导致奥尔特云的体积减小 1/10。

如果真是这样的话，那么太阳系中的彗星要比现在多得多，而实际情况却不是这样。这是为什么呢？有的天文学家推测，太阳系在获得新彗星的同时，也失去了现在的部分彗星，从而使奥尔特云的体积几乎长期不变。也有的天文学家推测，太阳系在以高速运动时，不可能捕获新的彗星，只有当它运动极其缓慢时，彗星才有可能坠入太阳的引力“陷阱”。

还有的天文学家指出，除了分子云以外，还应该考虑到银河系的引力作用。太阳位于银河系的较边缘处，在那里，恒星与气体形成了一个平面圆盘。当太阳穿越银河系空间时，相对于该圆盘平面上下浮动。上浮时，作用于奥尔特云底部的圆盘拉力较强，就可以将彗星拉出。

彗星的起源是天文学界一个古老的课题，虽然至今还没有得到圆满的答案，但在研究过程中所取得的一些成果，却对理解太阳系及银河系具有重要的作用。

名人堂

"彗星的侦探"

法国天文学家查尔斯·梅西耶（1730 ~ 1817 年）出生于法国的巴顿维尔。他 21 岁时进入法国海军天文台，给天文官德里希尔当助手，沉迷于对彗星的观察。

1758 年冬天到来后，他根据以前的观测，开始搜索哈雷预料会出现的那颗彗星。尽管比德国的那位农民天文爱好者迟了一步，但还是因此而一举成名。

1760 年，德里希尔退休后，梅西耶接任了天文官的职务。在搜寻彗星的过程中，苦于彗星和其他天体经常混淆，他从 1764 年年初开始动手制作一张彗星和星际间朦胧天体的图表，该表于同年年末完成，被称为《梅西耶星团星云表》。他把古希腊时期的亚里士多德注意到的 M39 也收入该表之中。当他于 1765 年发现大犬座的 M41 后，又在此表中追加了 5 个天体。

1769 年，梅西耶在白羊座附近发现了大彗星（C/1769P1），因此成为柏林科学院的外籍院士。次年，他又发现了一颗彗星，并成为巴黎学士院的正式成员。

梅西耶在一生中共发现了 21 颗彗星，经他观测过的彗星达到 46 颗。法国国王路易十五曾经开玩笑地说他是"彗星的侦探"。

后人为了纪念梅西耶的功绩，将月球上一个陨石坑命名为"梅西耶"，另外 7359 号小行星亦以他的名字命名。

彗星雨的出现

考古学家在对化石资料的分析中发现，地球上的物种曾经遭受过周期性的毁灭。对于这种大毁灭的原因，很多学科的专家们都提出了各自不同的意见，而其中天文学家的意见最令人瞩目。他们认为，大量的彗星好像下雨一样周期性地洒落和撞击地球，由此造成了生物的普遍灭绝。

如果说确实存在着这种周期性的彗星雨，那么它又是怎样形成的呢？天文学家们对此展开了激烈的争论，虽然至今仍未统一意见，但形成了三种主要学说。

第一种是太阳伴星说。这种学说认为，太阳有一个看不见的伴星，叫做“复仇女神”，它以2600万年的周期绕着太阳进行公转。当它周期性地运行到离太阳最近的地方时，奥尔特云中的彗星核就会在它的扰动下纷纷射出。据推测，这种扰动每次能将上亿颗彗星送入太阳系，其中有几十个彗星可能与地球相撞。这种说法虽然不能说没有道理，但太阳存在伴星的猜测至今也没有得到明确证实。

第二种是冥外行星说。这种学说认为，冥王星以外还有一颗行星绕着太阳公转，当它的轨道与奥尔特云相交时，许多较小的彗星就会在它的带动下飞向地球。和第一种说法一样，冥外行星的存在与否至今得不到证实。而且有许多专家认为，即使存在冥外行星，它能否产生上述作用也很值得怀疑。

第三种是太阳跳跃运动说。这种学说认为，太阳在绕着银河系运行时，并不总是水平运动，而是像旋转木马那样时起时伏。当太阳穿过银河系平面天体最密集的区域时，奥尔特云中的彗星就会在引力的作用下飞向太阳系。

总的来说，第三种学说最为诱人。因为太阳系每隔 3300 万年左右就要穿越银道面一次，而根据很多学者的估计和推算，地球上生物灭绝的周期也在 2600 万 ~ 3300 万年左右，这二者正好相近。此外，地球上陨坑记录所显示出的周期，也差不多与此接近。这些都从侧面说明了第三种学说有可能是正确的。

彗星与地球上的生命

古代的人们由于缺乏科学知识，总是把彗星的出现和世间的战争、饥荒、洪水和瘟疫等灾难联系在一起，认为这是上帝给予的一种警告和预示。当然，在今天看起来这些观点都是荒诞可笑的。可是，随着科技的发展，人类观测宇宙的视野不断拓宽，科学家们又重新开始考虑，彗星与地球上的生命到底存不存在某种联系呢？

众所周知，生命的起源问题一直在困惑着人类。不少科学家推测生命起源于地球之外，其中更有一些人坚持认为彗星就是生命的发源地。这种学说的代表人物是英国著名科学家霍伊尔，他认为“彗星携带并遍及宇宙地分发生命”。当然，他也承认彗星能传播瘟疫等病毒，可他争辩说，彗星含有产生和维持生命所必需的各种元素，并且彗核具有放射性，从而提供了一个温暖的“水塘”，生命就是在这样一个适宜的“水塘”中从基本元素开始发展起来的。

霍伊尔的学说在几个方面遭到了质疑。首先，为了保卫生命形式免受酷寒和真空的伤害，这个温暖的“水塘”必须是绝缘的，被几千米厚的保护层所密封，可是谁也保证不了这一保护层的稳固性，并且事实上，人们常常观测到彗星会莫名其妙地分裂。所以有人认为，这种暖“水塘”能长期存在直至生命形成，实在难以想象。其次，即使这种暖“水塘”能够长期存在，但彗星上的能源十分缺乏，除了少量显然不利于生命的放射线之外，别无其他能源，怎么可能产生生命呢？

基于以上原因，许多专家对霍伊尔的学说深表怀疑，但他们不否认彗星可能对构成生命的元素作过贡献，并且认为人体中的某些元素也来源于彗星。这些专家是从太阳系演化的角度来考虑这一问题的，认为彗星在产生其他行星时留下大量残余物质，由于引力的摄动而进入地球。但是这一观点是否正确也无从证实。

近年来，又有科学家从另外的角度来考虑彗星与地球上生命的联系。根据确切的科学资料，地球在6500万年以前遭到过一次毁灭性的撞击，

名人堂

哈雷和哈雷彗星

爱德蒙·哈雷（1656～1742年）是著名的天文学家和数学家，格林尼治天文台的第二任台长。他出生在英国伦敦附近的哈格斯顿，从小就是一个天文爱好者，上中学时用自己制作的罗盘比较精确地测出了伦敦的磁偏角，一时传为佳话。17岁时，他进入牛津大学女王学院学习数学。20岁时，他只身搭乘东印度公司的航船，在海上颠簸了3个月，到达南大西洋的圣赫勒纳岛，建立起人类第一个南天观测站。他在那里进行了一年多的天文观测，完成了标有341颗恒星精确位置的南天星表。在他之前丹麦天文学家第谷已经编出了北天星表，但是没有标上南极附近的行星。因此，哈雷被人们誉为“南天第谷”，并在22岁那年，被选为皇家学会成员。

1680年，哈雷在法国旅游时看到了有史以来最亮的一颗大彗星。两年后的8月，天空中出现了一颗用肉眼可见的亮彗星，它的后面拖着一条清晰可见、弯弯的尾巴。这颗彗星的出现引起了几乎所有天文

学家的关注。26岁的哈雷对这颗彗星尤为感兴趣。他仔细观测、记录了彗星的位置和它在星空中的逐日变化。经过一段时期的观察，他惊讶地发现，这颗彗星好像不是初次光临地球的新客，而是似曾相识的老朋友。在哈雷生活的年代，虽然第谷已经提出彗星是天体，但对于它是什么样的天体并不清楚。天文学家们也普遍认为彗星是在恒星之间的漂泊不定的“怪物”，无法预测它的行踪。

1695年，已经是皇家学会书记官的哈雷选择了彗星这一前人涉及不多的领域，开始专心致志地研究彗星。他从1337年到1698年的彗星记录中挑选了24颗彗星，用一年时间计算了它们的轨道。发现1531年、1607年和1682年出现的这3颗彗星轨道看起来如出一辙，难道说是同一颗彗星的三次回归吗？这个念头在他的脑海中迅速闪亮。但他没有立即下此结论，而是不厌其烦地向前搜索，结果发现1456年、1378年、1301年、1245年，一直到1066年，历史上都有大彗星的记录。他用牛顿定律推算出，这颗彗星绕太阳的周期为76年。

1705年，哈雷的《彗星天文学论说》问世，他郑重地宣布道：1682年曾引起世人极大恐慌的大彗星将于1758年再次出现于天空(后来，他估计到木星可能影响到它的运动，把回归的时间推迟到1759年)。当时哈雷已年过五十，知道在有生之年无缘再见到这颗大彗星了。于是他在书中以幽默而又带点遗憾的口吻写道：“如果彗星最终根据我的预言，确实在1758年再现的时候，公正的后人大概不会拒绝承认这是由一个英国人首先发现的。”

对于哈雷的预言，人们反应不一，有的嘲笑他是在说胡话，有的将信将疑，也有的表示相信。到了1758年12月，欧洲各地的天文台全都忙碌了起来，人们也是议论纷纷。此时，哈雷已经长眠地下16年了，他的预言能够应验吗？就在人们焦急等待的时候，德国德雷斯登附近的一位农民天文爱好者首先观测到了那颗彗星——它准时地回到太阳的附近。

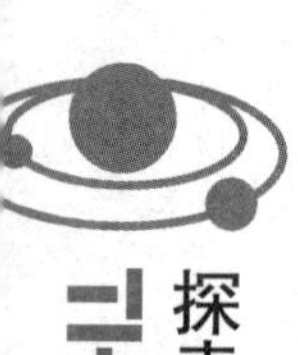

正像哈雷当年所希望的那样，后人没有忘记这位第一个预报彗星的天文学家，将这颗彗星命名为哈雷彗星。

哈雷对彗星的观测和研究不仅证实了周期彗星的存在，也大大促进了彗星天文学的发展。

哈雷彗星是每 76.1 年环绕太阳一周的周期彗星，它的周期彗星表编号为 1P/Halley，它下次过近日点的时间为 2061 年 7 月 28 日。

哈雷彗星的公转轨道是逆向的，与黄道面呈 18 度倾斜，偏心率较大。它的彗核大约为 16 千米 ×8 千米 ×8 千米，非常暗，反射率仅为 0.03，比煤还暗许多，是太阳系中最暗的物体之一。它的密度也很低，大约为 0.1 克 / 立方厘米。有的天文学家认为，这说明它是多孔的，可能是因为在冰升华后，大部分尘埃都留下来的缘故。

在众多彗星中，哈雷彗星几乎是独一无二的。它又大又活跃，且轨道明确而规律，这使得探测器瞄准起来比较容易。

苏联在 1984 年 12 月先后发射的“韦加 1 号”、“韦加 2 号”探测器是最早造访哈雷彗星的人类使者。它们传递回来的信息，为人类增加对哈雷彗星的了解提供了很大帮助。

造成大量生物灭绝，其中就包括恐龙。由此许多科学家认为，这种撞击是由彗星造成的，并且有资料表明这种撞击是周期性的，正是“彗星雨”周期性地洒落和撞击地球，才导致了地球上大量生物的灭绝。对于这一学说，人们也存在着不少的争论，其中焦点在于彗星雨的形成机制。

总之，关于是彗星带来了地球上的生命，还是彗星的撞击导致了地球生物的灭绝等问题，科学界目前还无法取得一致意见。

4 一定要知道的流星

流星原来是这样

什么是流星？流星雨是怎么一回事？

天文学家对此的解释是这样的：太阳系内除了太阳、八大行星及其卫星、小行星、彗星以外，在行星际空间里布满着大量叫做流星体的小物体，当它们闯入地球大气层时，同大气发生摩擦而燃烧发光，在夜空中表现为一条光迹，这种短时间发光的星体叫流星。

流星一般出现在距地面 80 ~ 140 千米处，运动速度为 11 ~ 80 千米/秒。流星的出现，秋季比春季多，后半夜比前半夜多。大约 92.8% 的流星主要成分是二氧化硅（也就是普通岩石），5.7% 是铁和镍。

流星大体上有单个流星（也叫偶发流星）、火流星和流星雨等三种类型。

偶发流星，顾名思义就是在时间和方向上没有什么周期性和规律性的流星。

火流星看上去非常明亮，像条闪闪发光的巨大火龙，发着“沙沙”的响声，有时还有爆炸声，并且通常会在空中走出“S”形路径。当它消失后，在其穿过的路径上，会留下云雾状的、被称为“流星余迹”的长带。余迹有的消失得很快，有的则可存在几十分钟。

当地球在绕太阳运行的路程

中和流星群相遇时，流星成群出现，如同下雨一般，故名流星雨。

所谓流星群，就是沿同一轨道绕太阳运动的一大群流星体。天文学家认为，它的轨道和某些彗星的轨道很接近，这表示它很可能是彗星瓦解后的碎物。流星群闯入地球的大气圈时，表现为流星雨，那时从地面看去流星好像是从天空中的一点向四面八方放射出来，这一点叫做该流星群的辐射点。流星群以其辐射点所在的星座来命名。目前，已发现的流星群有500多个，其中比较著名的有狮子座流星群、仙女座流星群、猎户座流星群和英仙座流星群等等。

我国是对流星雨的发现和记载最早的国家之一。在春秋时期鲁庄公七年（公元前687年）时，就有天琴座流星雨的最早记录。

流星雨的发生，会对绕地球飞行的航天器，以及某些电子设备构成威胁。许多年来，尽管航天器被击中的概率很低，但相关部门还是制定了流星雨来袭时的应急计划。

神秘的天外来客

天文学上，将质量大的流星体在地球大气圈中没有被完全烧毁而落到地面上的碎片，称为陨星。按照其化学成分，陨星被分成三大类：石陨星（又叫陨石）、铁陨星（又叫陨铁）和石铁陨星。其中石陨星的数量最多，大约占92%，铁陨星大约占6%，石铁陨星大约占2%。就密度而言，石陨星的平均密度为3 ~ 3.5克/立方厘米，主要成分是硅酸盐；铁陨星密度为7.5 ~ 8克/立方厘米，主要由铁、镍组成；石铁陨星成分介于两者之间，密度为5.5 ~ 6克/立方厘米。石陨星在下落时比较容易崩裂，所以一般要比铁陨星小。

另外，还有一种陨石被称为“玻璃陨石”，它呈黑色或墨绿色，有点像石头，但却不是石头；有点像玻璃，但它却是一种很特别的、没有结晶的玻璃状物质。它的形状五花八门，一般都不大，重量从几克到几十克。到目前为止，已发现的玻璃陨石有几十万块，而且令人奇怪的是它们的分布有明显的区域性。关于玻璃陨石的来源和成因，现在还没有定论。

古时候，人们由于对陨星现象不了解，往往把陨石当做圣物。比如，古罗马人把陨石当做神的使者，在陨石坠落的地方盖起钟楼来供奉。匈牙利人把陨石抬进教堂，用链子把它锁起来，以防这个“神的礼物”飞回天上。在一些文明古国，还常常用陨石作为皇帝和达官贵人的陪葬。

我国是记载陨星最早的国家，人们早在春秋时就已知道，陨石是天上的星陨落地面而成。而在欧洲直到1803年以后，人们才知道陨石的真正来历。

天文学家告诉人们：地球每年都要接受许多像陨星这样的“天外来客”。由于它们大都在距地面10～40千米的高空就已燃尽，真正能够降落到地球上的不过20多吨，大概有两万多块。因为它们多数落在海洋、荒原和森林等人迹罕至地区，能够被人发现并收集到手的数量极少。陨星在宇宙中运行，由于没有其他的保护，所以直接受到各种宇宙射线的辐射和灾变，而其本身的放射性加热不能使它有较大的变化，所以它本身的记录是可靠的。研究陨星对于研究太阳系的形成和演化、生命的起源和空间技术等，具有重要的意义。

陨星之最

1976年3月8日，在我国吉林省内降落了一次世界历史上罕见的陨石雨。其散落的范围达500多平方千米，已收集到的完整陨石有100多块，共重2吨多，其中最大的一块重达1770千克，是目前世界上最大的陨石。居第二位的是美国的诺顿陨石，重1079千克。

目前世界上最大的陨铁为非洲纳米比亚的戈巴陨铁，重约60吨。我国陨铁之冠是在新疆清河县发现的“银骆驼”，约重28吨 。我国现在保存的最古年代的陨铁是四川隆川陨铁，它大约是在明代陨落的，清康熙五十五年（1716年）掘出，重58.5千克。

陨星降落在地面上造成的坑穴，被称为陨星坑，它们的形状近乎圆形。已经发现的最大的一个陨星坑，位于加拿大魁北克省清水湖处，坑的直径2.8万多米。

陨星撞击地面的一刹那是宏大而可怕的景观！ 1908年6月30日，有目击者在俄罗斯西伯利亚通古斯地区，看见一个火球从南到北划过天空，

消失在地平线外，随即升腾起火焰，响起巨大的爆炸声。不但把 50 千米以外居民住宅楼的玻璃震碎，而且使方圆 15 千米的森林化为灰烬，在爆炸的中心区树林还没有来得及燃烧就已经炭化，并且呈辐射状向外倒去；在其正下方的几棵“炭树”竟然直立着，原因是当时产生的高压使其变得坚固。爆炸之后的几天里，通古斯地区的天空被阴森的橘黄色笼罩，大片地区连续出现了白夜现象。调查者相信这是一颗陨星撞击西伯利亚所引起的爆炸。据推测，这颗陨星的直径不超过 60 米，是在距地面 8 千米的上空发生的爆炸。

许多天文学家估计美国亚利桑那州的陨石坑是 5 万年前，一颗直径约为 30 ~ 50 米、重约 500 吨、速度达到 20 千米 / 秒的陨星撞击地面的结果。其爆炸力相当于 2000 万千克 TNT 炸药的当量，是美国投向日本广岛那颗原子弹的一千倍。爆炸在地面上产生了一个直径约 1245 米、平均深度达 180 米的大坑。据估计，坑中可以安放下 20 个足球场，四周的看台则能容纳 200 多万观众。

陨星与地球上的生命

近来，科学家们在二三十亿年前的陨星中发现了原核细胞和真核细胞。因此断定，在宇宙甚至是太阳系中在 45 亿年前就有生命存在。另外，在那些含碳量高的陨星中还发现了大量的氨、核酸、脂肪酸和氨基酸等有机物。因此，有相当一些科学家认为，地球生命的起源与生息同陨星也有相当大的关系。因为在白垩纪 – 第三边界沉积层中发现了一层厚约几十厘米的白色粉末，那是地球上极为罕见的氨基酸。另外发现黏土中不同寻常地富含铱元素，这种物质在地球上很稀有，但在陨星中却含量丰富。由此，他们推断，大约 6500 万年前有一颗直径约 10 千米的陨星与地球相撞，撞击后的巨大爆炸使大多数恐龙立刻死去，爆炸后的粉末笼罩在大地上空达数年之久，土温骤变，致使恐龙无一幸存，而恐龙的灭绝却给其他新生动物带来了生机，比如哺乳动物的出现，古猿也被迫走出了森林。

假如这些科学家的判断是正确的，那么由于陨星的影响，促成了人类的产生，还促进了一些生物的产生、进化和发展。但人们也应该看到陨星所带来的毁灭人类的危害性。传说没入大西洋海底的古文明大陆大西洲，就是因为它正好处于巨型陨坑边上的缘故。还有灿烂的玛雅文化之所以突然失踪，可能也是因为在他们那里时常有陨石出现。

在人类居住的地球以外，无疑是一个既充满神奇，又充满危险的世界，随时随地什么事情都有可能发生。例如，有天文学家观测到，在 1989 年 3 月 23 日那一天，有一颗相当于几千颗广岛原子弹威力的小行星与地球擦身而过。预计它下次光临地球的时间，是 2015 年，届时是否会发生相撞呢？只能由事实去证明了。